广西本科高校特色专业及实验实训教学基地（中心）建设项目（产品设计专业，桂教高教〔2018〕52号）
广西高校中青年教师基础能力提升项目（2017KY0757）
广西高校人文社会科学重点研究基地北部湾海洋文化研究中心项目（2018BMCC07）

瓷包装设计

周作好 著

西南交通大学出版社
·成　都·

图书在版编目（CIP）数据

陶瓷包装设计 / 周作好著. —成都：西南交通大学出版社，2019.11
ISBN 978-7-5643-7242-2

Ⅰ. ①陶… Ⅱ. ①周… Ⅲ. ①陶瓷 – 产品 – 包装设计 Ⅳ. ①TQ174.6

中国版本图书馆 CIP 数据核字（2019）第 259473 号

Taoci Baozhuang Sheji
陶瓷包装设计

周作好 / 著

责任编辑 / 姜锡伟
助理编辑 / 宋浩田
封面设计 / 四川森林印务有限责任公司

西南交通大学出版社出版发行
（四川省成都市金牛区二环路北一段 111 号西南交通大学创新大厦 21 楼　610031）
发行部电话：028-87600564　　028-87600533
网址：http://www.xnjdcbs.com
印刷：四川森林印务有限责任公司

成品尺寸　185 mm × 260 mm
印张　7.5　　字数　250 千
版次　2019 年 11 月第 1 版　　印次　2019 年 11 月第 1 次

书号　ISBN 978-7-5643-7242-2
定价　58.00 元

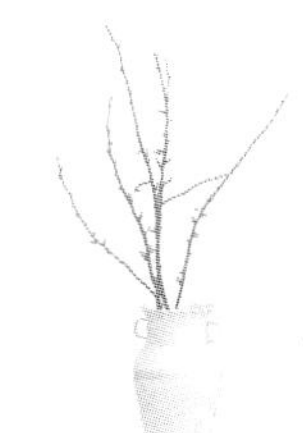

前 言

自古以来，我国陶瓷包装的发展源远流长，历史长河中的陶瓷包装可谓自带光彩。近现代以来，陶瓷产业发展迅速，人们对现代陶瓷包装设计也提出了更多的要求。随着我国经济水平的提高，人们的审美观念已悄然发生改变，对多样化和丰富化的生活用品的需求加多加大。在这种氛围下，作为产品外衣的包装设计显得尤为重要。陶瓷产品包装的设计已不能只提供保护、运输等基本功能，合理作用、方便使用、符合大众审美的结构，引导主流价值观等精神层面的需求也是不可或缺的。基于此，我们希望从陶瓷和它包装发展的历史中寻求灵感，并总结现代陶瓷包装设计的思路和方法，探索出新的陶瓷包装设计语言。

本书分上下两篇：上篇着重从理论角度对古代陶瓷包装的发展脉络做梳理，主要从陶瓷作为容器的角度切入，以历史发展的进程为线路，探讨了陶瓷包装的概念、各历史时期陶瓷包装的种类等，还有对诸如少数民族陶瓷包装特色、宫廷包装与民间包装等内容的阐述，希望从史学的角度厘清古代陶瓷包装的特征，为现代陶瓷包装设计提供理论参考；下篇主要是对现代作为艺术品的陶瓷的包装设计的方法论展开研究，从材料的选择、缓冲结构的设计、包装视觉设计到品牌化的建设等角度，提出了一些观点和设计思路，希望能抛砖引玉，提高企业和设计师对陶瓷的包装设计的重视，引导现代陶瓷包装设计向绿色可持续方向发展。

在撰写此书的过程中，笔者得到了很多人的支持与帮助。感谢北部湾大学陶瓷与设计学院张龙院长、王刚副院长的大力支持！感谢西南交通大学出版社诸位编辑对本书的付梓给予的大力支持！感谢所有关心、爱护我的家人和朋友！在此对他们的帮助与支持致以深深的谢意！

由于水平所限，本书缺憾与不足之处在所难免，敬请专家同行与读者不吝指教，多多批评指正！

2019 年春于钦州

目 录

上 篇

下　篇

上 篇

第一章　古代陶瓷包装绪论

古代陶瓷发展的历史久远，可以追溯到远古时期，在历史进程中，陶瓷的演变色彩纷呈，表现出丰富多彩的内容和样式。陶瓷功能性的发展与陶瓷制作技术的进步密不可分，就陶瓷制作技术而言，大致经历了从手工捏制到泥条盘筑再到慢轮、快轮的演进过程。据考证，最初人们仅会出于实用及生活的需要手工捏制一些造型简单的小型器物，泥条盘筑成型工艺的使用则可以制作器形较大的容器，如罐、瓶等包装容器，使作为包装容器的陶瓷的门类得到很大程度的拓展。而慢轮、快轮工艺的使用则进一步推动了古代包装容器向大型化、多样化的方向发展，其包装容器器型也变得更为规整。

在进行古代陶瓷包装论述的时候，我们要认识到古代陶瓷包装与现代陶瓷包装设计在诸多方面存在较大差异。我们不能用现代陶瓷包装的定义和内涵去看待古代陶瓷包装，尽管两者具有许多共性的特征，如容纳、保护及装饰等功能。但要注意的一点是：陶瓷包装作为人类造物的一种，也是为便利和服务人类使用而出现的，古代陶瓷包装与现代陶瓷包装设计在理论层面有着共同的根本点，即它们都属于人类的造物设计。故本书将传统意义上的“陶瓷容器”用“陶瓷包装”一词代替。我们将在梳理、归纳、分析不同历史时期陶瓷功能的演进、风格所呈现特征的基础上，从材料的选取及制作，功能的生发及拓展，造型的形态、装饰的形式及审美和包装所蕴含的文化内涵等方面，结合现代陶瓷包装设计理论，对我国古代陶瓷包装做较为系统的介绍，希望能为现代陶瓷的包装设计提供一定的参考和借鉴。

一、古代陶瓷包装的概念

包装物与其他一般的造物活动相比，有很大的不同。根本的区别在于：包装作为一般性的造物活动，是一种依附于某一类人造物的造物行为，不具备独立存在的特性，它的存在始终受到被包装物的限制与约束。就这一视角而言，包装的进步和发展，在很大程度上受制于被包装物的进步和发展的程度。影响包装发展和演变的最为根本的原因，还是人类社会发展进程中不断进步的生产方式和不断提高的生活水平。从人类的发展历史来看，陶瓷包装经历了萌芽、发展到现代意义上的转变过程。这一过程是一个随人类生产方式的进步和生活水平的提高而不断演变的过程。

陶瓷包装作为一项造物活动与其他造物行为一样，也经历了一个漫长的历史过程。包装与人类的生产生活密切相关，它的起源、发展，乃至在近、现代的转型，都是人类社会发展的必然产物，只是在这一起源、发展及近、现代转型的过程当中，人们对包装的认识和理解是有所差别的。所以，我们在讨论古代陶瓷包装之前，有必要就包装的含义、范畴作一阐释和梳理，以期更好地理清我国古代陶瓷包装的发展脉络和线索。

1. 包装的概念

“包装”作为一个词组显然属于现代词，而且在我国也多被认为是一个舶来词。因为“包装”一词不仅在我国古代历史文献中未出现过，而且作为一项造物活动的专用词汇在我国也迟至 1983 年才有一个明确的解释。即包装是为在流通过程中保护产品、方便储运、促进销售，按一定技术方法而采用的容器、材料及辅助物等的总体名称；也指为了达到上述目的而采用容器、材料和辅助物的过程中施加一定技术方法等的操作活动。就现代商品包装设计而言，它是为了便于产品运输、储存和销售而对其进行的艺术和技术上的处理。包装的核心是产品，好的“包装”不仅要实现最合理的表现形式，而且还要吸引消费者的视线、打动消费者的心，以赢得市场流通的竞争。同时，在现代社会环境日益恶化的情景下，它还要有最大化的环保意识。可以这样说，包装无论其外观还是内蕴，都应体现出实用和审美，物质与精神，人与社会、自然的和谐统一。对于包装的定义，不同国家、不同时期有不同的解释。美国《包装用语集》对包装的定义为：“包装是为产品的运输和销售所做的准备行为。”英国的《包装用语》对包装的定义是：“包装是为货物的运输和销售所做的艺术、科学和技术上的准备工作。”加拿大对包装的定义为：“包装是将产品由供应者送至顾客、消费者而能保持产品于完好状态的工具。”日本的《日本包装用语词典》对包装的定义为：包装是使用适当的材料、容器而施以技术使产品安全到达目的地，即产品在运输和保管过程中能保护其内容物及维护产品之价值。

在这里，“包装”明显地存在着两重含义：一是指盛装产品的容器及其他包装用品，即“包装物”；二是指盛装或包扎产品的活动。按照这两种理解，我们翻检古代历史文献，并未发现有在内涵上完全相同于“包装”的词汇，而仅有“包”与“装”这两字，或是与“包装”这一词组含义相似或相近的诸如“包裹”“包藏”等词组。在我国古汉语中，“包”字的意思主要为包容、包藏、包裹等，“装”字则有裹束、装载、藏入、装饰、装配、装订等几种解释。从上述对“包”“装”二字的释义来看，“包”本义应为“裹”无疑，而“装”字的释义“裹束”“装载”“藏入”，与“包”字本义“裹”组合在一起，可以解释为将物品裹束好放入某器物中。依据这种解释，古汉语中的“包”“装”二字显然与“包装”作为一项人类造物活动的专用术语的内涵相去甚远，但在某种程度上来看，却不失为我国古汉语中对包装行为的另一类词语表述。因为“包装”这一概念，可以因时代与地域的差别而有所不同，也可以因领域不同而有不一样的认识。所以，我们不能因为我国古代并未出现“包装”一词，就认定我国古代缺乏对“包装”的认识和理解，必须以动态的眼光，辩证地去理解各历史时期“包装”的内涵和外延。

2. 古代包装的概念范畴

我们理解古代包装，尤其是认识古代早期包装，要将包装从古代独立使用的容器和一般日用器具中区分开来。关于包装的基本功能，它作为一项独立的造物种类，在本质上是依附于被包装物的，无论历史如何变迁，它始终是以保护物品的内容性质和方便消费

使用为基本属性：一般情况下，它在完成转移和流通物品，并协助被包装物实现消费和使用的目标之后，即可说是完成了它的使命。包装就是具有从属性和临时性的双重性质的一类造物。由于包装具有自身的独特性，因而与人们日常生活中独立使用的容器和一般的日用器具，在内涵上有着根本的不同。包装从核心内涵上而言，是在物流过程中，为保障物品的使用价值的顺利实现，而采用的具有特定功能的单元或系统。虽然包装与日用器皿、器具，在目的上都是为实现物品的使用价值而服务的；但是，相比之下，包装侧重的是满足被包装物品在使用之前内容、性质、形态、质量等不受损坏或甚少损害的要求，强调的是保障的过程环节，而日用器具则一般是独立使用的，不具备从属性，强调的是物品的使用结果。

宏观上来讲，包装品，顾名思义是包裹和盛装物品的用具，因此，广义的理解，凡日用品和工艺品的盛装容器、包裹用品以及储藏、搬运所需的外包装器物，都属于包装品。如是，古代许多盛装食物、水、酒、生活用品的包装容器，如编织物、木制品、陶瓷器、青铜器，只要是使用，而不是纯粹为了摆设、观赏，就都应属于包装品。但这样一来，其包容的范围就太广了，几乎可以囊括所有具有实用性的工艺品，像盛水的陶罐、装酒的铜壶、置衣服的木箱、放针线的竹篮等，这似乎会淹没包装品所独具的特性。狭义的理解，包装品应兼具附属性和临时性两重特性。它是被包装物品的附属物，两者可以分离，并带有临时使用性质，用毕可以抛弃（当然也允许保留）。因此，一般的容器、盛器不应包括在内，如盛水、装酒、放食物的器皿等。它的主要用途，是使被包装物在保存、运输、使用过程中不受或少受损伤，以及便于操作，像捆扎物、包裹品、外装匣等，即属于典型的包装品。诚然，广义和狭义的界限并非泾渭分明，而呈一定的模糊性和相对性，有些容器也可视为包装品，如装首饰的漆奁、盛佛经的经匣、置砚台的砚盒等，它们往往与被包装物合而为一，虽是附属物却不具临时性，也不宜抛弃。

3. 古代陶瓷器物的包装属性

陶瓷器物，是一种基于人的本能需求的造物，作为包装器物存在的陶瓷包装容器，其出发点和归宿点始终是实用性，其功能主要体现在两个方面：一是保护功能，即在流通过程中保护物品的内容、形态与质量，使被包装物品不受损坏或甚少损坏，以确保物品的使用价值能得以顺利实现；二是方便功能，主要是指在实现物品使用价值的过程中，所体现出来的便于搬运装载、方便储藏、方便陈列与展示以及便于使用（收藏、携带、开启、使用）的功能。也就是说，我们所讲的古代陶瓷包装主要是作为包装容器出现的，而不是单纯以被包装物出现的。

当然“任何事物都是发展变化着的”，陶瓷包装概莫能外。随着人类社会中政治、经济、文化、思想等多方面的不断向前发展，陶瓷包装的功能形态以及概念、范畴都在不断地变化，我们同时也要以历史的眼光，从动态发展的角度去认识和理解陶瓷包装，不能以某一阶段的单一标准去限定各个时期、各个阶段的包装。

二、古代陶瓷包装的特征

古代陶瓷包装最初主要以实用器的形态出现，然而出于审美、情感、精神等的内在需要，随着社会的发展，原始陶瓷包装很快便表现为实用、形式审美融合的形态。从那时至今，包装在满足其功能的同时，通过装饰美化，体现审美的精神功能。作为人类生活、观念意识所释放的产物，装饰不仅是人类文化的重要组成部分，而且是不同历史时期人们的思想情感、文化信仰的自然反映，可以说装饰技艺的演进在见证了人类造物、审美历史的同时，也极大地丰富了古代陶瓷包装的艺术审美。

从历史发展的角度来看，人们对自然界认识水平的提高和科学技术的进步对我国古代陶瓷包装的发展起着决定性的作用。现代陶瓷包装无论是从包装的目的，或者材料的选择，或有造型的确立，还是在结构的处理上，均应以保护商品、便于流通为目的和宗旨，古代陶瓷包装也不例外，简易、经济、实用是它一直以来所坚持的原则。中国从古代一直到近现代，由于社会经济以自给自足的小农经济为主要形式，商品经济极不发达，所以陶瓷包装在设计的宗旨、风格等方面以实用为基调，以保护商品为目的，力求简易、经济和实用。这种实用性表现在研究选材的方便性时，一般是就地取材，不对材料进行深加工；在包装物的制作方面，无论是内包装还是外包装，都注重技术上的简单性。

古代陶瓷包装虽然不是特别追求造型的独特性和装饰的繁复性，但无论是造型还是装饰，均深深地根植于中国传统文化之中。从现存实物来看，我国新石器时代的陶瓷包装就体现了吉祥文化思想的物化特征。如西安半坡及临潼姜寨出土的新石器时代彩陶纹样中的鱼纹，就有双鱼联体、三鱼联体、一体二头、鱼腹中藏人、鱼鸟相连等多种形式，还有人首鱼身的“人面鱼纹”。这类鱼纹被大量运用到作为包装容器的器物上，实质上都是原始先民用以寄托氏族子孙繁衍昌盛和赖以生活的物质资料年年有余的吉祥纹样（如图 1-1 所示）。

图 1–1　人面鲵鱼纹瓶 仰韶文化 甘肃博物馆藏

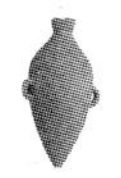

但是，由于地域差异以及文化差异等因素的影响，古代包装的用材与装饰艺术不可避免地受到了制约，从而导致古代陶瓷包装在上述特征的基础上形成了明显的地域差异。如：地理环境的不同，带来了交通工具的差异，使得为满足交通需要的运输包装的要求明显不同。一般而言，在古代南北方分别以水上交通和陆路交通为主，而水、陆交通对包装的要求是不同的，如瓷器包装，陆上运输对防震的要求高，水上运输对防震要求相对低一些，正因为如此，北方一般用木桶加填充物作为包装，并发明了一种用植物豆、麦等在瓷器内发芽，通过豆根形成根网作包装缓冲材料的做法。宋孟元老《东京梦华录·七夕》中说道："又以箓豆、小豆、小麦于瓷器内，以水浸之，生芽数寸，以红蓝彩缕束之，谓之种生。"而南方则用木桶、竹编物，并以草一类的绳子对瓷器进行简单的捆扎。《陶说》中记载："每十件为一筒，用草包扎装桶，各省通行。粗器用茭草包扎，或三四十件为一仔，或五六十件为一仔。一仔犹一驮。菱草直缚于内，竹篾横缠于外。水陆转运，便于运送。"这些陶瓷的包装方式相对较为简单，却也极为有效地保护了陶瓷产品的安全。再如，由于地理环境不同所带来的物产、经营结构、生产方式的差异所滋生的风俗习惯，乃至文化观念折射到陶瓷包装的造型与装潢上，更是显而易见的。如农耕民族求天和、求人和、求天人相和的意识，在原始社会时期频繁出现于彩陶包装上，或具象或抽象的植物、动物形象，无不蕴含着古人对天时地利的顺应和祈盼自然惠泽的殷殷之情。从根本上说，这是一种对天人之和的内心诉求，蕴藏着人间世界或伦理或道德的人文教化的文化内涵。

三、古代陶瓷包装器物概览

陶器可称得上是原始人采用的第一种人造包装物。在陕西西安半坡村仰韶文化遗址中，曾经出土过一种尖底陶罐，陶罐呈纺锤形，使用时直接将其插在泥土中，而不至于倾倒；系绳子的双耳处于罐身偏下的位置，打水时陶罐会自动下沉，因重力的作用，水灌满后会倒掉一点，陶罐也会自动竖起，陶罐表面刻有纹路或彩绘，其造型艺术性与实用功能性达到了近乎完美的程度，可以说这已经是一种相当完美的设计。从包装角度看，它有着重要的意义。一方面是重要的储存容器；另一方面，陶器上的各种纹饰，实际反映了当时流行的各类包装形式。在陶器产生前，人类早已熟练掌握了用绳技巧和各类筐篮的编制及纺织技术，所以在陶器的制作过程中，人们用绳固定陶坯，待陶器烧制完成后，绳纹就会留在陶器上，慢慢演变，最终让基于实用而存在的痕迹变成了一种装饰纹样，大量出土的陶器碎片上所印的席纹、绳纹、纺织物纹样可以充分地证明这一点。

新石器时代的陶制包装容器主要基于功能性的考虑，而且当时人们对陶器制作术的认知及掌握程度有限，一般不做任何装饰，即素面容器，即使需要进行装饰，也仅利用简单的磨光、几何纹、压印绳纹加以修饰。而随着实践经验的积累及陶瓷装饰技工的成熟，古代陶瓷包装迎来了彩绘装饰，它主要通过绘、刻、雕、拍印等手法，在红色或橙黄色的陶坯上加以彩绘，这些彩绘图案或纹样明显地完成了由具象形象到抽象图案的演化，表现出强烈的对称与规律、对比与均衡、虚与实等形式的美学特征，如马家窑文化的双耳四系旋涡纹彩陶罐：它利用大小同心圆直线旋纹及波浪纹的对比组合使用，形成曲折起伏、旋动多变的节奏和动感，运用彩绘散点式布局实现了"步步移、面面看"的整体审美效果，而且集中在包装容器上部的彩绘形式暗合了我国传统的“仰观俯察”观照方式，此外，更为重要的是，这些看似变化无穷的装饰还蕴含着各种深刻的文化内涵。

从商代原始瓷器的出现到东汉时期真正意义上瓷器的烧造，这一历史时期内，瓷制包装容器的装饰较为简朴，尚未形成自身独特装饰艺术风格。魏晋时期化妆土技艺的出现，使得瓷制包装容器表面更为光滑整洁，而浸釉技术的普遍使用，保证了容器釉层厚实而均匀，这些都很大限度地提升了瓷器包装容器的艺术审美价值。隋唐以降，瓷制包装容器的装饰艺术迎来了快速发展和繁荣的时代，不断出现的印花、堆花、贴花、刻花、画花、剔花、彩绘及黏塑、透雕、浮雕和多样化的釉色装饰技艺，极大地丰富了古代瓷制包装的艺术审美，如划花的转折灵活、流畅活泼，釉里红的色彩鲜艳、喜庆热烈等，同时也刻画出或粗犷豪放，或清新典雅，或端庄敦厚，或繁缛精巧的艺术风格。在功能方面，瓷制包装相对于陶制包装而言，除了包装基本的容纳功能外，由于其物理性能更为优越，从而更兼具保护功能。不断演进中的装饰技艺也充分地拓展了古代陶瓷包装的装饰功能。

陶瓷生产到宋代发展到了顶峰，宋代以其五大名窑驰名中外，在制作这些瓷器时，模仿生活中的各种包装原型进行创作，仍然是设计中的一个重要题材，如宋白釉刻网纹缸便是对竹篓运输包装的模仿。这些模仿，真实再现了生活中的某些包装。瓷器的大量生产必然会促进瓷器运输包装的进步。北宋《萍洲可谈》明确提出瓷器包装要“大小相套，无少隙地”。在承袭传统包装的同时，旧的包装方法也在不断地完善和成熟，例如瓷器的包装。瓷器怕磕易碎，如何减少磕碰就成为包装中需要首要解决的问题。经过历朝历代的不断改进，在明代便已形成完善的包装方式。时人沈德符在《敝帚轩剩语》一书中做了记载，在包装时“每一器内纳沙土及豆麦少许，叠数十个辄牢缚成一片，置之湿地，频洒以水，久之豆麦生芽，缠绕胶固，试投牢硌之地，不损破者始以登车”。这说明当时的瓷器包装已采用了衬垫、套装、捆扎等多项减缓磕碰的技术，比起过去单一的包装方式要先进成熟许多。

值得一提的是，历史发展进程中的少数民族包装可谓独具特色。少数民族建立的政权，在包装上除秉承传统之外，还表现出了自己民族特色的风格。皮囊类包装即为一例，这种包装是马背上的民族利用草原上丰富的皮革材料而制作的袋囊。辽代的“绿釉马镫壶”，即是这种包装形式。皮囊类包装以其耐磨、抗冲击、携带方便等优点而深得草原人民喜爱。这也就是现在所说的容器。

回顾包装的历史不难看出，包装的发展过程与人类社会的发展有着密不可分的联系，它可以折射出同时期的社会形态、经济状况及人文风俗的变迁趋势，而成为一种社会文化的缩影。传统包装是历史上人类生活智慧的结晶，虽然在近代科技发展的影响下已无法再现往日的辉煌，但因其自然、纯朴以及所具有的历史文化感，仍然深受现代人们的喜爱。细细品味，我们会发现这些优秀的历史遗留对于我们今天的包装设计仍然具有生态学、哲学、伦理学、美学以及材料学、力学、造型学等各方面的借鉴与启发作用。

第二章　原始陶器包装

随着原始人生活内容的丰富和造型能力的不断提高，原始陶器包装容器的设计，无论是在造型方面，还是在装饰上，也经历了由简单到复杂、从单一到多样的过程。从原始陶器造型的设计方式来看，以仿生、像生为主，可以说是设计艺术的一次飞跃，因为仿生、像生使设计者和制作者的思想意识、审美情感得以物化，往往将动物、人物、植物形象与实用器皿融为一体，既有实用的功能作用，又充分发挥了艺术塑造的表现力。陶器的发明和制作，反映了我国早期先民的设计观念。这对我国古代包装的发展历程起着非常重要的作用，因为这是人类第一次通过化学作用将自然物质材料改变成另一种物质的活动，也使包装从利用天然材料的阶段进入了使用人工材料的阶段。

一、原始陶器包装的种类

陶器的发明，是新石器时代除石器工具的设计外另一个重要的设计领域，影响着后世几千年的造物形态、结构和装饰艺术的演化。在陶器生活用具器皿的设计制作中，以陶质包装容器的设计为大宗。陶器的设计制作的首要任务是满足人们的生活需求，其结构与造型的设计取决于实际使用的要求，实用性便是这一时期所有器物最为主要的功能特点。所以，史前时期的制陶工匠们设计制作了多种多样的日用器皿，其中就不乏属包装范畴的贮藏器等。前文中，我们已就古代包装的概念做了较为详尽的阐述，我们认为：原始陶器包装在其特定的时期内具有特定的包装功能特征。我们根据器物的用途，认为原始陶质包装容器主要为盛装、储存粮食和种子的储器，保存火种的器具，储水和储酒的器皿，这几类容器都起着盛装、储存、保护及便于运输所盛物品的功用。原始陶器中的陶罐、瓶、壶、瓮、缶等都具备这样的功用，可归入包装容器的范畴，当然，这一时期上述这些容器也具有作为生活器具的双重用途，这也是史前所有包装物在功能上与后世包装物不同的地方，它们在功能概念上处于一种模糊状态，并不像后来的包装物一样具有专门性。

二、原始陶器包装的制作方式

陶质包装容器的制作是我国史前先民包装设计方面的实践成果。不论是陶质包装容器的制作，还是其他陶器生活器皿的制作，其制陶的工艺都是从简单到复杂，从低级到高级，不断进步的一个过程。

据人类学家和考古学家考证，早期的陶器可能是在篮筐内涂泥或将黏土用手捏成器皿，然后放在篝火堆上烧制而成的。所以早期的陶器类型简单，器型很不规整，质量不高，颜色不纯。随着考古资料的日渐丰富和相关研究的深入，史前陶器的制作的程序我们已逐步清晰，大体需要经过选料、练泥、制胚、烧制等步骤。

首先，在制陶早期，当时的人们对原料的选取还没有自主意识，主要是利用自然黏土。后来随着对陶认识的加深，便开始对所用原料进行选择。从目前出土的史前陶器遗物来看，当时的制陶原料采用红土、沉积土、黑土或其他可塑性较强的黏土，某些黏土的化学成分与后来制瓷的高岭土类似。在以后的长期实践中，他们又逐步学会了用淘洗的方法去掉黏土中的杂质，来改进陶土材料的质量，以制造出更为细致的陶器。

其次，选定制陶原料后，开始练泥，后便进行制胚。制坯大概可以分为手制和轮制。早期由于制造技术的落后，采取手工成型法，可分为三类：捏塑法、模制法、泥条盘筑法。其中，泥条盘筑法（如图 2-1 所示）是将泥料制成泥条然后盘筑起来，一层一层叠上去，将里外抹平，制成器型。这一制法在仰韶文化的制陶中已普遍采用，如仰韶文化遗址中出土的小口尖底瓶就是用这一方法制成的（如图 2-2 所示）。在各种手工成型方法中，模制法与捏塑法往往是结合使用的。轮制法，又可分为慢轮和快轮两种，这是前后演进的两个阶段。大约在仰韶文化中晚期，一部分陶器生活器皿开始使用结构极为简单、转动很慢的轮盘辅助坯体成型，这也就是慢轮成型法。它为快轮制法的出现和发展奠定了基础。到龙山文化时期，快轮制法得到广泛的应用。它是将泥料放在陶轮上，借其快速转动的外力，用提拉的方法使之成形。用此法成型的特点是：器形规整，厚薄均匀。快轮成型技法的出现和普及大大提高了陶器的产量和质量，也为陶质包装容器走向专门化提供了技术上的保障，同时为后来瓷质包装的出现和发展奠定了基础。

图 2-1　泥条盘筑法

图 2-2　小口尖底瓶 仰韶文化

最后，胚体成型后，需要进行烧制。据测定，我国新石器时代的陶器的烧成温度在 900～1 050 °C。早期的陶器采用露天烧制的方法，这种烧法很难控制温度的均衡性，因而烧成的器物坚固程度、耐用性差。经过长期的实践，人类发明了陶窑。新石器时代陶窑的发展历程大概如下：初期为平地堆烧；早、中期是横穴窑、洞穴窑；中、晚期是竖穴窑。陶器的烧成温度则是随着这个发展历程逐步提高的。

三、原始陶器包装的造型和装饰

通过整个史前陶器的发展过程我们可以看到，陶器随着人类生产力的逐步发展，不断演化出各种具有实用价值且更为合理的造型器物，同时素面陶逐步被具有装饰意味的彩陶取代。从造型结构的种类而言，原始陶器的种类已经涉及生活的各个方面，有用于盛装和贮存食物或水、酒的壶、罐、瓮、缸等。如此多的种类是随着社会生活的需要和生产技术的进步而逐步出现的。其无论是在造型结构方面，还是在装饰艺术上，都是从简单逐步过渡到复杂，从单一到多样的过程。这在陶质包装容器上体现得尤为明显。到新石器晚期，不少容器都根据需要设计了各种形式的器盖，盖的发明，是包装容器逐步走向专门化的一个重要特征，因为随着剩余产品的增多及产品性质的不同，必然需要分门别类地贮存物品，而盖又可以根据储存产品所需密封程度的不同而进行设计制作，所以它的发明在一定程度上让古代包装这种具有一定包装功用性和生活实用性双重性能的器具逐步走向功用明确的专门性包装。

（一）原始陶器包装的造型

史前陶质包装容器从其造型设计的发展演变来看，其大体是从敞口圆底球形、半球形的单一造型形式，发展到具有流、口、肩、腹、足、盖、座等多种造型组合、多种空间化的造型形式。上文中提到的小口尖底瓶就是专门用来盛装酒的，敞口易致酒香挥发，且容易导致酒变质，而改为用小口且带盖就可以防止挥发，至于尖底的设计则是为了方便插入土中稳定摆放，带有流的小口又便于倒酒。陶质包装容器的发展演变过程，促使陶质包装容器造型日渐丰富，同时也体现出包装容器造型的实用性与合理性得到进一步的加强。

陶质包装容器的造型设计大致可分为两类：一类是具象仿生型的造型设计，早期的陶质包装容器的造型都是以简单的仿生造型为主，这是在早期人类利用和改造自然的过程中产生的。究其缘由，可能是由于原始社会早期人类在不断将自然物体略加改造以作器物使用的过程中，对这一形式产生了较为强烈的"意识"，因而在陶器烧制成功以后，储存于大脑"意识"当中的这一形式特征使自然成为首要的选择，进而以这一自然形象作为模仿对象，进行陶质容器的造型设计，史前陶质包装容器的造型设计最为典型的就是圆形。究其缘由，一方面可能是在原始社会的生活环境中，人类接触的各种物质形状中圆形最多，如果实、太阳、月亮等，也许正是在接触和使用的过程中受到启发，人们才模仿制出各种圆形陶质容器。另一方面可能是在长期的生活实践过程中发现圆形器物比其他形状的器皿容积更大，同时在制作过程中圆形器皿也要比其他形状的器皿更省材料，因此多选择圆形为陶质容器的基本造型。还有一种则是以葫芦形为结构造型的仿生陶瓶，此类造型设计的出现可能是由于葫芦本身的实用和美观，进而使得人们模拟葫芦的外形来做成各种容器造型。这一类造型器物，在目前考古发现的新石器时代遗址中多有出土。如半坡类型的葫芦形双耳瓶，其整个瓶形为葫芦的造型，其器身修长，腹部微鼓，达到了容器空间与造型设计最完美的状态。腹部设计有双耳，可以方便慢运和提拿；小口设计，可以避免杂物飘入，保持所装液体的洁净；圜底的设计可以使得整个容器平稳地摆放，保护所盛液体的存放安全。

另一类是以几何形态为主的造型设计，严格来说，这亦是仿生式造型。这类几何形的容器造型特征是所有陶质包装容器中最常见的。从各类壶、罐当中可以看出，当时的人们已经能得心应手地根据各类器皿的不同用途和审美要求运用对称、均衡法则对各种几何形器皿进行精心合理的设计。容器器身的转折或各部位的衔接以弧线或凹凸起伏处理，如罐要设计成球形或半球形，瓶为长身形等；而口，或敛或侈或敞或直；颈，或长或短；肩，或环或折；腹，或鼓或扁或曲或直；下腹或收或放：底，或凸或凹或环等等。这一式样的包装容器，为以后诸多材质的容器造型设计提供了可供参考的典范。

总之，随着原始人生活内容的丰富和造型能力的不断提高，原始陶质包装容器的设计在造型方面也经历了由简单到复杂、从单一到多样的过程。新石器时代的陶质包装容器相比于早期的那种模拟自然的原始形态，开始有了变化。表现为人们在原来的器皿造型基础上，逐渐摆脱了对具体形象的模仿，开始掺入主观的创作思想。人类根据生活和生产的需要，对陶质包装容器的造型加工进行改进和再创造，使之更实用美观。

（二）原始陶器包装的装饰

陶器的装饰的出现和发展，是人们审美水平提高和宗教信仰强化的一种显现。陶质包装容器从素面陶器问世到彩陶的盛行，其装饰设计无不体现着其与造型设计变化之间密不可分的关系。在装饰的题材内容和构图等方面，都有了极大的发展。除了最初的绳纹、线纹等刻印几何纹样外，又增加了鸟、兽、鱼等方面的动物纹样和表现人类生活的舞蹈题材，其装饰设计根据品种造型的不同而呈现不同的设计，即使是同一品种的造型，其相同的造型部位也有不同的装饰（如图 2-3 所示）。如半山、马厂型中常见的彩陶罐，其装饰部位多在口、肩、上腹，大体都是在陶器造型弧面与人视线成直角的部位，即人们视线最为集中的地带。罐的下腹由于形体的收缩，从某个角度去看，其器物造型的弧面成为透视线，不利于人们的观看，因而也就不需要装饰。正因如此，使得陶质容器的造型设计与装饰纹样达到了和谐的统一。这也说明原始社会时期陶质包装容器的造型和图饰纹样的构图处理、题材内容等方面，都达到了相当高的水平，符合人们的视觉审美规律。

图 2–3　人面纹葫芦瓶（陕西半坡遗址出土）

第三章　商、西周的陶瓷包装

一、商、西周时期陶瓷包装概览

考古资料表明，商、西周两代专门制陶的作坊颇多，而且规模比较大，能批量地生产陶质包装。如河南郑州铭功路发现了一处规模较大的商代早期制陶遗址，在 1 400 多平方米的范围内，发现 14 座陶窑；郑州二里岗遗址和殷墟遗址都发现了大量的陶质容器，而且有部分容器胎质细腻，器表磨光，制作精美。以上这些似乎都说明了陶质包装容器是普遍存在于当时人们的生产、生活中的。

就当时陶质包装生产的整体情况而言，前期以灰陶为主，到后期，灰陶被功能属性更佳的白陶和印纹硬陶所取代，呈衰落之势。从文化人类学的角度来看，灰陶应该是商、西周时期人们日常生活中使用最为广泛的器物种类之一；从包装方面来说，灰陶质包装容器也是生活日用包装容器的主要种类之一。其包装器形多为罐、瓮、壶等。相关资料表明，这些日用生活的灰陶包装容器，在用材上主要为泥质，胎质相对较硬，经久耐用。由于这些包装品多是出于实用功能考虑的，因而在很长时间内，其结构造型除细节外并没有很大的变化，形制的增加和消失也不是很明显。

白陶是一种胎质呈白色的陶器，虽然早在二里头早期文化层中就有发现，但是将这一材质运用于包装上，则是在商代中期以后，包装形式也仅为白陶豆、罐等，这些在黄河流域的商代中期遗址中都有发现。到商代晚期，白陶包装的种类大量增加，其形式在前期基础上增加了罍、壶、卣等盛酒的专用包装。至西周时期，白陶质包装容器已极为少见。这可能是由于青釉陶质包装容器和原始瓷质包装容器的兴起造成的。尽管白陶的创烧成功，使陶质包装容器更趋于生活日用化，然而在同期出土的陶器中其仍只占极小的比重。与同时期的灰陶、黑陶等相比，白陶洁白晶莹且产量少，所以很有可能为贵族阶级所专用。

陶质包装容器发展到商、西周两代，其烧制技术和成型技术都有了极大的改进，品种大量增加，包装形式也更为多样化。在品种上除史前社会原有的灰陶、黑陶、红陶及南方的印纹硬陶外，在商代还成功创烧了白陶和釉陶，并使釉陶发展成为原始瓷器，这在工艺史和包装史上是一重大的进步。

二、瓷质包装容器的出现

随着商代早期制陶手工业的发展，到了商代中期，陶和瓷的分界即已出现，创制出了我国目前已经发现的瓷器中时代较早的原始瓷器。按照目前的认识，瓷器的烧制一般应具备三个基本条件，即：第一是原料的选择和加工，主要使用高岭土，使胎质呈白色；第二是用 1 200 °C 以上的高温烧成，使胎质烧结致密，不吸水分；第三是器表有高温下烧成的

釉，胎釉结合牢固，厚薄均匀。从目前所公布的材料来看，黄河中下游地区的河南、河北、山西和长江中下游地区的湖北、湖南、江西、江苏等地的属于商代中期的墓葬中，均有符合上述三个基本条件的原始瓷器被发掘出来。

原始瓷质包装容器品种主要有瓮、罐等。每一包装品种又有多种形式，如罐有凹底罐、圜底罐；瓮有凹底瓮、圜底瓮等。式样各异，在一定程度上说明了原始瓷质包装容器生产的逐步成熟。到西周时期，原始瓷质包装容器得到了极大的发展，不但生产的范围扩大，而且包装品种也增多，各品种的式样也更趋多样化，造型也有所改进。安徽屯溪发现的两座西周土墩墓共出土文物 102 件，内有原始瓷器 71 件，占总数的 69.6%。与陶质包装不同的是，原始瓷质包装发展到西周时期，各方面都得到了很大的发展。目前来看，西周瓷质包装不但在周族的活动中心区域发现极多，还在河南、山西、河北以及长江流域的湖北、湖南、江西、安徽、江苏等区域均有发现。特别是 1959 年在安徽省屯溪市西郊的两座西周墓里出土了 71 件之多的原始瓷器，当中就有瓷罍、瓷罐等包装属性十分明显的器类。这些器物上所施釉呈灰青色，釉层薄而匀，胎釉结合紧密。从这些来看，西周原始瓷质包装的制作技术已基本成熟，为东汉时期真正意义上的瓷质包装的成功烧制起到了极大的推动作用。

通过上述这些资料，我们不难看出，原始瓷质包装容器自商代中期创烧成功，发展至西周，不但质量得到改进，而且多为贵族阶层所专有。值得指出的是，即便是原始瓷器烧制技术成熟之后，在包装领域，陶质包装容器也仅相对处于次要地位，它自身的一些特点使其仍未被原始瓷质包装容器所取代，并且在很长一段时间内仍作为人们日常生活包装而得以存在。从包装发展的历史脉络来看，原始瓷器的烧制成功，一方面使陶质包装容器退出主导地位；另一方面为真正意义上的瓷质包装容器的出现奠定了技术基础，从而推动陶瓷包装艺术的发展。

总得来看，由于商、西周时期手工业受到官府的控制和垄断，以及统治政策对社会生产、生活方式的影响等原因，导致这一时期陶瓷包装发展呈现出明显的阶段性及不平衡性特征，即陶瓷包装呈现出明显的时代特征。

第四章　春秋战国时期的陶瓷包装

一、政治经济文化多元化格局下的陶瓷包装

春秋战国时期，包括春秋（公元前 770—前 476 年）和战国（公元前 475—前 221 年）两个历史时期，是中国历史社会政治、经济和文化多元化的时期。在此一时期，各个政权在大肆增强军事力量的同时，注重地方和区域经济的发展，并竭力开拓对外交往和联系，这也给包装业提供了良好的发展土壤。

春秋战国时期，手工业有了突出的发展，除了漆木制造业取得长足进展外，陶瓷制造业也有不小的进步，也促使着陶质包装种类及其形态的发展无论是在工艺水平上，还是在数量品种上，都达到了前所未有的高度，并占据了春秋战国时期包装的重要地位。但从宏观来看，青铜材质包装容器和漆制包装容器是奴隶主和上层贵族的专属包装用品，并占据主流；陶质包装容器普遍流行于社会下层阶级，在贵族生活中则已开始转向象征性包装，即明器。正因为这一时期包装物使用出现了上述分野，所以造成了为贵族阶层所忽略的陶瓷包装发展相对缓慢。

众所周知，青铜器和漆器在春秋战国时期多为各诸侯贵族所占有和享用，下层民众一般无权使用。这一方面是因为青铜器和漆器代表着某种统治权力，下层民众无权制作；另一方面则是由于制作成本相对过高，下层民众缺乏相应的经济基础。而包装作为与人类生产、生活密切相关的器物之一，又是人们无法弃之不用的东西，因此，替代青铜器和漆器的陶质与瓷质包装容器仍然流行于下层社会中。春秋战国时期，包装生产专业化组织得到进一步的完善，陶质包装、原始瓷质包装得到了长足的发展。考古发掘以及相关研究成果表明，春秋战国时期的陶瓷器，比西周时期更为发达，不但数量多，而且质量也有所上升。然而，在这一时期陶瓷器中具有明显包装功能属性的器物似乎在逐渐减少。导致这一现象的主要原因应是在长期的生产、生活实践中，人们逐步发现了陶质包装容器有不利于贮酒和盛食等天生的缺陷。

此时期，“百家争鸣”是人们对伦理思想和政治思想的探寻，“人”的观念和“人”的价值得到了最大限度的认可。人性的解放和审美的自由性，致使当时人们生活的审美活动具有非现实而又高于现实的性质和方式，大多数情况下显示出世俗生活本身的精致化、享乐化和审美化。这反映在包装上，则是对包装艺术性追求的提高。这突出体现在漆制包装的批量出现以及青铜材质包装的实用回归上，如漆制包装色彩艳丽、装饰华美、造型讲究，是当时人们对包装艺术性追求的典型例证；青铜材质包装也在装潢上显得华丽而美观，不再具有神秘、威严、狰狞的视觉感受。总体而言，春秋战国时期的包装，与其他器物设计一样呈现出精致、轻松、活泼的艺术感受，较商、西周以来阶级意识明显的包装而言，已有了明显的改变。

二、陶瓷作为包装容器时的种类

春秋战国时期的陶质和瓷质包装容器，按材料可分为：灰陶、暗纹陶、几何印纹硬陶、原始青瓷、彩绘陶等种类。用这些性能不一的陶质和瓷质材料所制作的包装容器，其使用场合、包装对象及其呈现出来的特点亦各不相同。其中，暗纹陶的出土多见于黄河流域，据研究，应为日常实用器，因而归属于日常实用包装，其中以盒、罐等包装造型最为常见。几何印纹硬陶盛行于战国时期我国东南部地区，多为日用品包装，但造型较少。就内装物的性质来看，陶质和瓷质包装容器的功能归属性不是很明显，但从相关研究成果来看，应多为食物包装，酒类包装则相对较少。具体来看，史前即存在的陶罐、陶壶、陶瓮等传统包装容器依然普遍流行于这个时期，与此同时，也出现了陶敦、陶盒等新的陶质包装容器。

从目前考古的发现来看，春秋战国时期的陶质包装容器中，出土数量最多的应属罐式容器。洛阳东周王城战国陶窑遗址中就曾一次性出土 243 件陶罐，多为泥质灰陶，由于其质地粗糙，加之造型和纹饰呈现出的简朴粗略、朴实无华的特点，可以肯定此类陶罐应属社会底层民众所使用的生活日用包装容器。宏观来看，这一时期陶质包装容器中的内装物的归属性并不是很明显，即包装专门性特征不是十分突出，如罐、壶、瓮、陶盒的功能归属性就难以得到确证。尽管如此，也不能否认其具有包装的一些基本功能。

在陶质容器包装功能逐渐衰退的同时，部分陶质容器已经不带有任何的包装使用性，仅保留了其象征意义，也即所谓的明器。它不再具备日常化的容器实用属性，其使用功能为辅，发挥的是社会功能，反映当时社会政治、礼教、宗法上的一些制度。如：新出现的器形——陶盒。一般而言，其盖、器扣合呈扁圆体，腹较深，圆底，矮圈足。就包装实用性而言，陶盒同时具有“包”与“装”的功用，亦满足了保存、搬运等基本功能。据相关研究成果表明，陶盒是战国晚期新出现的替代敦的一种陶礼器随葬品。

在此时期出图的包装容器中，特别值得一提的是包山楚墓中发现的 12 件灰色或黑色陶罐（如图 4-1 所示），这是人类历史上最早具有密封特征的“食品罐头”，其罐内盛装着各不相同的食品，如梅、炭化植物和鲤鱼等。这批陶罐质地坚硬，腹外多饰绳纹、弦纹，少数素面磨光，长颈，高 15 ~ 25 cm。

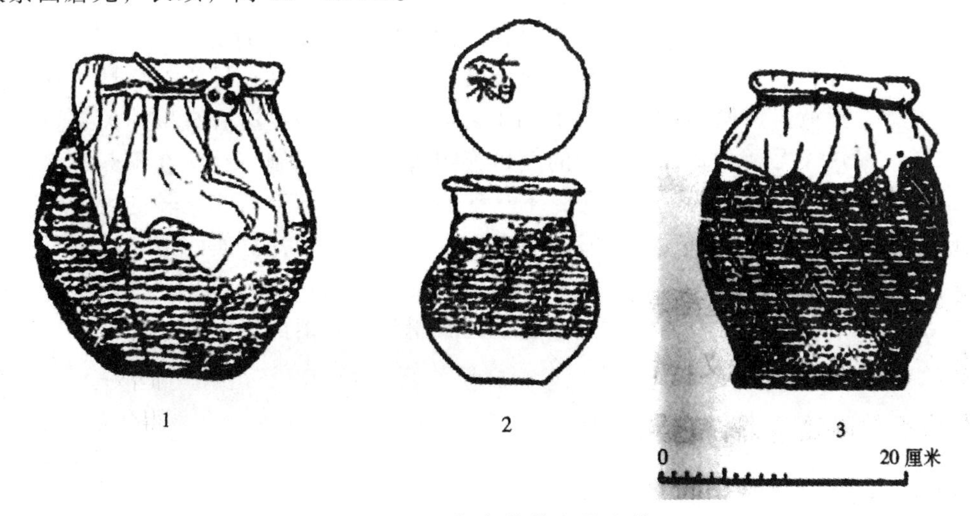

图 4-1　包山楚墓食品陶罐

在包装制作工艺上，其采用了极为细致的多层密封包装技术。根据推理，其具体操作程序大体如下：罐口由内向外依次用纱、草饼、泥、绢等互相封闭。先用纱布封罐口，上面盖一层草饼，也有将纱置于草饼之上的。草饼用草绳卷绕成圆饼形，再用八至十道不等的细草绳经向编连固定在罐口上。然后再作隔离层，或置于最里层，或放在中间层。接着用稀泥涂抹于罐封的二层或三层之上，口、颈涂抹均匀约厚 0.4 cm，进一步密封陶罐，以防止罐内食品的氧化。在罐封最外面，又蒙上两层绢，然后用篾、组带或绦带捆紧。罐封束的系结外，再加盖封泥一枚，封泥印纹有涡纹和三牛纹两种。封泥下插有标签牌，写明内装食品的名称。罐身外用径粗均 0.3 ~ 1.2 cm 的草绳缠绕，用 0.2 cm 左右的细草绳 6 ~ 12 道经向编织，以成经纬编织法固定，以起到防震防摔、保护陶罐的作用。个别陶罐还在包裹绳之外再加套一件带提梁的花编竹篓，以便提携与运输。

这种包装方式，虽然比不上现代罐头包装那样绝对密封，但是却采用了科学的气调包装结构，即允许内装食品在新陈代谢过程中释放本身的热量，控制罐内的氧气与二氧化碳的比例，保证食品长期不变质、不变色、不变味。这批包山楚墓陶质包装罐头的出现，将包装罐头的起点提前到了春秋战国时期。

三、相对于漆器包装的滞后性特征

因制作材料的烧成工艺的特征，陶瓷包装容器秉承了泥土的“可塑性”和“可转换性”，同时由于其制作成本相对较低，成为春秋战国时期除青铜材质包装容器、漆制包装容器以外的重要补充物之一。

但因陶瓷容器本身具有的某些特性，也决定了当时的陶瓷并不是十分切合人意的包装材料。如：在成型和烧制的过程中，陶瓷有较易开裂、对烧成温度和温度均衡性比较敏感、烧成后无延展性、易破碎和几乎无法再生等特性。陶瓷具有的此种特性要求其烧制技术、手段和工具、环境处于高水平，而这不符于当时社会的科学技术状况，因而使得此时的陶瓷包装容器不可避免地具有这样或那样的缺陷。春秋战国时期正处于奴隶社会与封建社会的过渡时期，受制于落后的技术，瓷质包装容器尚处于孕育期，这意味着春秋战国时期的陶瓷包装实质为陶质和原始瓷质包装，陶瓷包装尚未发生根本性的变化。

相较于漆制包装容器而言，陶瓷包装容器具有明显的滞后性。导致滞后性出现的原因除了陶瓷本身的特征，还同陶瓷包装容器的工艺因素——成型技法有直接的关系。早期陶制包装的制作方式，无疑是靠手工成型的。尽管陶瓷包装容器制作技法在不断成熟，但还是未能很好地解决包装附件的安装问题，不具备能与漆制包装容器相比较的可能性。这无疑也是此一时期陶瓷包装容器发展缓慢的原因之一。总之，陶瓷材质的特点决定了在奴隶社会不甚发达的技术水平下，很少能生产出兼顾审美和使用功能的包装形式。因此，在春秋战国时期，陶瓷包装容器的整体发展，远不及漆制包装容器的风采。

第五章　秦汉时期的陶瓷包装

秦汉时期，随着社会经济的迅速发展和人民生活水平的提高，加之前代所积淀下来的丰富的包装制作和使用经验，使包装已经充斥在人们的日常生活中，成为人们生产、生活中不可或缺的日用物品。社会生产力的大幅度提升，农业、手工业、工商业等社会经济的迅速发展，致使社会剩余产品增多，这就在一定程度上强化了包装的作用，并促使着陶瓷包装的生产规模不断扩大和包装设计制作的日益精巧。

一、陶瓷包装容器种类及特征

秦汉时期的陶瓷包装容器制作较为普遍，在用材上也较战国以前更为丰富，主要有灰陶、红陶、釉陶、原始瓷和青瓷等。普通陶质容器和原始瓷质容器普遍运用于日常生活中主要是存在于秦和西汉时期，直至东汉晚期瓷器出现。瓷器的成功烧制可谓东汉晚期的一大成就，其与造纸技术的发明一样，不仅开辟了后世包装艺术多样化发展的另一条道路，而且更为关键的是让瓷质包装成为后世唯一能与纸质包装相媲美的包装种类之一。

1. 陶质包装容器的种类

本章节，我们仅选取少数能代表秦汉陶瓷包装特色的式样进行阐释。从考古资料来看，罐式和壶式包装容器，可谓秦汉陶瓷包装容器中的大宗，在全国各地均有发现，多用于盛装食物和贮藏酒水，但是在造型上区别不是很大。不过，也发现有一些造型特别、包装性能优越的陶质容器。下面着重介绍一下西汉时期的“罐头包装”：长沙马王堆西汉墓发现的 23 件印纹硬陶罐，出土时全部储藏有各类食品，这一批陶罐应属战国包山楚墓密封罐头式包装的延续。其包装特征如下：罐口用草和泥填塞，填塞方法是先用草把塞住罐口，再将草把的上部散开捆扎，然后用泥糊封，有部分罐上还缄封有“轪侯家丞”的封泥，以起到防伪、防开启的作用，同时在颈部还用麻绳系有竹牌，以标明罐内所盛食品，起到了现代标签的功用。由此可见，这批陶罐在包装结构的设置上与包山楚墓出土的 12 个密封式食品陶罐有异曲同工之妙，只是与包山陶罐相比，其在制作工艺上稍显逊色而已。

大量考古资料显示，自战国、秦汉以来用于食品包装的陶罐在用材上多以硬陶为主，这可能是由于部分食品在包装过程中需要透气，要采取透气性相对较好的陶质容器，但同时又因软性陶质容器较易损坏，所以防损性、防震性等性能相对较好的硬陶便成为首选的对象。用陶质包装容器，特别是硬陶容器来盛装、贮存食品在汉朝是十分普遍的事情，在目前发掘的各大汉墓中均发现有实例。如北京大葆台汉墓出土的容器中盛有小米，洛阳烧沟汉墓发现的部分陶罐上则刻有“黍米”“稻米”类的文字。可见，当时陶质包装容器仍大量存在于人们的生产、生活中，尚未有退出历史舞台的迹象。

与罐式包装容器不同的是，壶式包装容器在这一时期不仅作为酒的包装，同时还兼具贮藏日用食品的功用。如洛阳烧沟汉墓发现的部分釉陶壶在出土时不仅内壁黏附着一层相当厚的黄色物，而且壶外还附有表示贮藏日用食品名称的诸如“监”等铭文字样。壶式包装固然在秦汉时期充当了部分食品包装的功用，但事实上仍是以储存酒水的功用为主。就形式来看，秦汉时期的陶壶中出现了几种特殊的形制，如茧形壶（如图 5-1 所示）、蒜头壶、匏壶以及带系扁壶等。

图 5–1　茧形壶

除食品和酒水包装容器以外，还有盒和奁两类陶瓷质包装容器。秦汉时期的陶圆盒，造型上仿青铜礼器，呈子母口，钵形盖，盖顶弧圆，腹部微鼓下收，平底微内凹。从目前考古资料来看，秦汉陶圆盒一般应属随葬礼器的范畴，而少有用于人们的日常生活中。不过，出土的陶圆盒中，还有一种素面陶圆盒被用于包装食品。如长沙马王堆出土的六件圆盒中，有三件素面陶盒出土时盛装有可能用小米制成的圆饼。与陶圆盒不同的还有一类用于日常生活使用的陶方盒。如洛阳烧沟汉墓出土的 52 件陶方盒中，一件藏厨房用刀一把，一件器表上粉书有“白饭一盍”四字。可见当时方盒多用来盛装或者储藏食物。从这批方盒来看，其造型与漆方盒大体相同，为立体长方形，有长方形盒盖，且部分方盒的盒身全部套合于盒盖中，这不仅满足了使包装贮藏内装物不易渗出或者抖出的防护需求，而且还美观大方，便于开启。难能可贵的是，这批盒式包装容器中还有一件在盒内设置分隔结构的方盒，其虽然制作粗糙，但却是目前发现的陶瓷包装容器中进行器内结构设计的最早实例，可谓开启了我国陶瓷包装容器中进行器内分隔式结构设计的先河。与陶盒不同的是，陶奁普遍被应用于人们的日常生活中，在洛阳烧沟的 150 余座汉墓中共发现了 161 件陶奁，每个墓葬中少的有 1～5 件不等，多的达 7～8 件。出土的这些陶奁中，在发现时有部分盛装肉食一类的食物和漆木、铜制一类的梳妆用具。

2. 瓷质包装容器出现

陶质包装容器在秦汉时期已趋于衰落，这一方面是由于众多性能优越的替代材料的出现，另一方面则是由于原始瓷器烧造技术进步的缘故。特别是东汉晚期青瓷的成功烧制，致使陶质和原始瓷质的包装容器退出了包装主流容器的历史舞台。

瓷质包装容器具有明显的材料优势。首先，瓷质包装容器相较于陶质和原始瓷质的包装容器，不仅坚固耐用，吸水率十分低，易于清洗，清洁卫生，而且彩釉不易脱落，通体光滑，透光性好，色泽鲜明，既实用又美观，因而十分符合包装食品、酒水糖果以及其他油墨一类的产品。再者，瓷土相比于其他一般的泥土，可塑性更大，可以满足人们各种不同包装造型的需要。此外，瓷制品较其他材质的包装，可用不同工艺技巧来美化装饰，如后世瓷器上就有刻、划、印、镂、雕、贴塑等工艺手法以及变换釉色、调整釉色组合等施釉技术的运用。正是由于瓷器具有这些特点，使得瓷质包装容器越来越受到当时人们以及后世不同阶层人们的青睐，最终风行于整个封建社会。

第六章　魏晋南北朝时期的瓷质包装

一、瓷器正式烧制的意义

考古发掘表明：我国瓷器的烧造历史可以追溯到 3000 多年前，原始青瓷最晚出现于商代，盛于西周、春秋、战国，在西汉以后开始衰落。约在东汉晚期，成熟青瓷烧造成功。有确定年代可考的青瓷器有东汉延熹七年（164 年）纪年墓中所出的麻布纹四系青瓷罐，熹平四年（175 年）纪年墓内出土的五联罐等。

瓷器是由瓷土或瓷石等复合材料，在 1 200 ~ 1 300 °C 的高温中涂以高温釉烧制而成，是在原料粉碎和成型工具的改革、胎釉配制方法的改进、窑炉结构的进步、烧制技术的提高等条件下出现的。瓷器的出现，是我国陶瓷发展史上一个重要的里程碑!

六朝时期，南方政治形势总体上较稳定，社会经济一直处于上升势头，而广大的中原地区则因战乱人民大批南下，南方地区的这种情形，为瓷器等手工业生产的发展创造了有利的条件，从而使得东汉晚期发明出来的青瓷、黑瓷制造得到了进步和发展，新兴的制瓷业迅速兴起。同时制瓷手工艺也有了很大的提高，基本上摆脱了东汉晚期承袭陶器和原始瓷器工艺的传统，在制瓷技术方面有着明显的进步。

第一，胎料选择和加工技术方面有了稳步发展。这个时期胎料配制技术上的两个重要事件是越窑瓷胎含铁量增加和婺州窑化妆土的使用成功。第二，到了晋代，德清窑又利用含铁量很高的紫金土，甚至掺入了含锰黏土来配制黑釉，这是制釉工艺又一个大的进步。第三，我国大约在汉代就采用了浸釉法施釉，但当时仍以涂刷法为主，三国、西晋后，在普遍采用浸釉法的基础上，达到了釉层较为均匀，呈色亦较稳定，胎釉结合好，流釉较少的程度。第四，龙窑技术的改进。迟至南朝，龙窑结构逐渐变得合理起来。与东汉龙窑相较，优点是窑身加长了，采用分段烧成，龙窑长度可视需要而定。加大长度的优点是：一可增加装烧面积，从而增加装烧量；二可提高热利用率；三可使窑身宽度变小，从而可延长窑顶寿命；四可使窑内温度分布更为均匀。

之后一段时间因连年战祸，陶瓷技术长期停滞不前，陶瓷包装自然不可能有大的发展变化。到公元 4 世纪末，随着北魏政权的建立和北方的统一，至隋统一南北为止，中原的社会经济逐步恢复和发展，南北交往日趋频繁。在这种情势之下，率先在南方发展起来的瓷器制造工艺逐步影响北方，于是北方的青瓷、黑瓷和白瓷得以相继出现。首先是烧制成功的青瓷，多数胎体厚重，加工粗糙，其色灰黄，多数釉面缺少光泽、透明度较差，少数器物存在脱釉现象。之后进步发展出了黑瓷和白瓷，白瓷的出现，尽管在当时对包装的影响不甚明显，但它是我国劳动人民的又一重大成就，是我国陶瓷史上的一个重大事件，它为后世的青花、釉里红等各种彩绘瓷器的出现奠定了良好的基础，为我国瓷器技术的大发展做出了巨大贡献。

二、瓷质包装容器的特征

瓷器较之陶器质地洁白而半透明，胎体坚硬、致密、细薄而不吸水。这是因为瓷器的烧成温度一般在 1 300 °C 左右，器表罩施的一层釉经过高温烧制，胎釉结合牢固，加上其化学稳定性和热稳定性均较为理想，耐酸耐碱，又有抗冷、热急变之功能，贮存的食物不易发生化学变化；而且由于瓷器比陶器更坚固耐用，又远比铜、漆器的造价低廉，再加上它的原料分布极广，蕴藏丰富，各地可以广为烧造。因此，在六朝时期，瓷器在出现后便迅速获得认同和喜爱，也逐渐取代了很多应该由铜、漆器所做的包装容器。随着瓷器烧制技艺的进步和提高，瓷器的使用越来越频繁，日益成为人们生活中不可或缺的理想的包装容器，而且种类繁多，形式多样。

六朝时期的江南制瓷业迅速壮大，窑厂广布，如浙江地区，以产青瓷包装容器著称，这一时期瓷器的胎质、釉料、造型等方面都比以前有长足的进步，越州、婺州、瓯窑等窑所烧瓷器胎质和釉面光泽度均有较大提高，种类也比以前更为丰富。在成型方法上，除轮制技术有所提高外，还采用了拍、印、镂、雕、堆和模制等，因而能够制成盒、奁、方壶、扁壶等各种不同造型的器物，品种繁多，样式新颖，所烧产品富有装饰性，瓷器与陶质包装容器相比，满足了实用功能和审美统一的要求。正因为如此，瓷器在烧制成功后，就立刻渗入了生活的各个方面。

六朝常见的瓷质包装容器有罐、壶、盒、槅等。瓷器作为包装具有其他包装材料无可比拟的优越性，古代的酒类、茶叶、酱菜的包装等多采用陶瓷制品。《齐民要术》中记载了制作各种酱的方法。其中多为将豆酱、肉酱、鱼酱、虾酱等原材料，“内著瓮中”“盆盖”“泥密封”“勿令漏气”。尤其强调要“用不津瓮”，并特别说明“瓮津则坏酱”，强调要用不渗水的瓮才行，而这一时期，气密性较好瓷器的成功烧制正是顺应了这一特殊包装的需求。六朝时期的很多瓷质包装容器是在吸收前代陶包装容器设计精华的基础上，进行的探索与创新，体现出历史的延续性与变革性。

首先，瓷包装容器造型随着审美及制作工艺的时代发展而不断演变。作为传统陶质包装容器，这一时期的有关考古发掘显示，由于受到当时“魏晋风度”“秀骨清相”等美学观点的影响，许多陶瓷包装的形态也一改汉代古拙风格，向着修长挺拔秀丽的风格转化。在造型上呈现为由东汉末三国初的腹部圆鼓腹径大于通高，器形短胖稳重；到东晋初最大腹径在器物中部、器形变高、直径与通高相等，装饰少，经济实用；南朝时器身变瘦变高，显得较为修长，胎质薄，不脱釉，花纹繁多。造型的这种变化，从审美实用的角度去评价，体现出造型从丑陋到精巧，从不切实用到切合实用，同时也反映了人们从席地而坐发展到桌椅出现以后垂足而坐的变革。而这种变化的实现，是建立在瓷器烧制技术基础上的。

六朝时期精美的日用陶瓷包装容器很多，如各种各样的盛装酒的瓶、盒（镜盒、药盒、油盒、粉盒、黛盒、朱盒、香盒、文房用品中的印泥盒）、罐（南朝青釉莲花罐、南朝青釉四系盖罐、南朝青釉刻花莲瓣纹六系罐）等等。此外，还有一种用隔梁把盘子分割成多个小格的多子盒（如图 6-1 所示），今天在考古发掘报告中亦称“果盒”或“多格盒”。这种叫“槅”的多子盒最重要的特征是用隔梁隔开成多个小格，因此也称作“槅”。在考古出土中发现的这类多子盒，也由最开始的陶器和木胎漆器，逐渐为青瓷制品所取代，子（格）的数量也从四、五、七、八、九、十、十一、十五，到十七、十八不等，文献记载最多的达三十五子。流行的形制起初多为圆器，后多为长方形，有的带盖，有的不带盖，但大部分不带盖者均有子口，可以扣盖。这类器型包装常用于盛装和存放各类食品、果脯等。今天在快餐厅或食堂的饭盒，以及招待客人的果蔬盘上还可以找到它们的影子。此外，六朝瓷包装容器造型形态变化万千，还追求造型美与艺术美的统一，这标志着制瓷艺术已达到相当高的水平和艺术境界。

图 6–1　多子盒

图 6–2　莲瓣纹青瓷盖罐

其次，瓷质包装容器纹样不断丰富，成为承载当时社会变迁，大众审美情趣的载体，具有极强的时代感。从东汉末到孙吴时期，瓷器刚刚出现，主要以满足实用为主，其纹饰十分简单，作为当时主要包装容器的四系瓷罐上的纹样主要是麻布纹。另外一些包装容器，如一般的瓷罐上的纹样，也只是传统陶器上的弦纹、联珠纹（花蕊纹）和半环纹。这种情况到西晋时期开始发生变化，瓷器上的装饰手法和纹样开始多样化，并且瓷器包装造型也流行仿动物的形状，如鹰、龟、羊等动物造型；在装饰上流行菱形网格及由此演变而来的菱形网格中增十字、井字、回字或短线构成装饰带，或以弦纹加花蕊纹、联珠纹等组成装饰带，有的器耳上刻画出焦叶纹；贴塑纹有铺首、朱雀、麒麟、佛像等。尽管在东晋时期，瓷器的纹饰一度又趋向简朴，但又开始流行以鸡首、羊首作装饰，且釉斑点彩更加普遍。

最后，瓷器釉质莹润，富有光泽，与当时的审美情趣相得益彰。正如宗白华先生所认为的，魏晋人的生活与人格具有自然主义和个性主义的特征，这种特征直接影响和反映到魏晋南北朝的山水画、山水诗的艺术创作中，以及瓷器、园林和名士围绕生活方式等开展的设计行为和活动中，促成了追慕“清秀”的审美设计倾向。

以这一时期的青瓷包装容器为例，虽然仍然继承自商代出现原始瓷器以来就有的质朴特点，但是不以纹饰为重，而以釉色见长，青瓷的颜色给人以淡泊明净的感受，符合魏晋士人的审美心态。同时魏晋南北朝青瓷工艺的审美设计，艺术风格开始向轻盈、灵动等多方向发展，与追慕“清秀”的审美倾向相适应。总之，“清秀”“玄静”是魏晋南北朝主要的审美取向，它对于建构自然秀丽的审美意象，营造清真、清淡、清远的意境，起到了决定性的导向作用，也为这一时期的陶瓷包装容器指明了装饰的方向。

第七章　隋唐五代时期的陶瓷包装容器

一、隋唐五代时期陶瓷包装容器的造型

隋唐五代时期陶瓷造型在前代的基础上逐渐向人性化与生活化方向演变，广泛用于梳妆品、茶叶、食品等日常生活所需的物品中，总体上分为几何形造型和仿生形造型。

首先，就目前出土的文物与文献记载来看，陶瓷圆形包装多以盒类为主，其形制多沿用传统半球形，主要用于盛装化妆品，一般体型较小，呈椭圆状，便于粉底或化妆油的盛放；而在局部结构上多设计为子母口，易于盒子的开启，同时也加大了产品的保护力度。如西安秦川机械厂唐墓出土的白瓷盒，是妇女化妆用的粉盒；此类造型的瓷盒，在唐代主墓葬中多有出现。

此外，该时期还出现了一些瓷质的奁盒，主要功能是盛装梳妆用品，包括梳篦、黛板、衣针等物品。体积较大，呈椭圆柱形，易于物品的盛装，且增加了盛放的空间。如湖南郴州市竹叶冲唐墓出土的 1 件圆形青瓷奁盒内，装有滑石盒 2 件，粉扑、铜勺、木篦、蚌壳各 1 件。西安西郊热电厂二号唐墓出土的一胭脂盒，白色高岭土胎，高 3.5 cm，腹径 5.5 cm，通体扁球形，上口微凹，小平底，敛口，尖唇，口沿处内凹一圈，为内放盒盖之处，上部通体饰黄釉，中间夹有片状白釉，此形制就整体造型而言，与盛装粉底的盒子大致相通，高度与宽度的设计十分人性化，便于拿握。而盒子的局部设计虽未出现子母口，但口沿处出现的凹槽设计，在内部上加固了上下盒的牢固。

陶瓷盒包装除了用于盛装粉底之外，还可用来盛装化妆油。郑州市区两座唐墓出土有粉盒（如图 7-1 所示）、油盒，油盒造型大致呈现如下特点：弧盖隆起，多带有圆钮；盒身敛口呈掩口式；深腹一般为 5～10 cm；多见平底和圈足。油盒的造型无一不是围绕油的特性而设计的，“圆钮”与一般的隆顶不同，便于涂油后的手抓握，起到防滑落的作用；掩

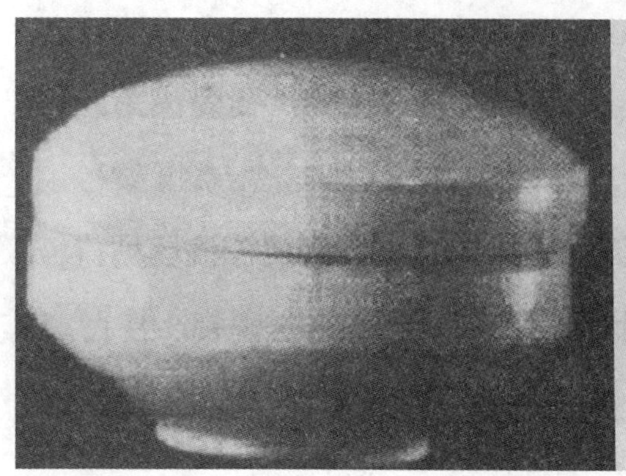

图 7-1　瓷粉盒

口和深腹均起到防油外溢挥发的作用。值得注意的是：唐代长沙窑出土的瓷油盒整体造型为底和盖紧合，油盒在盖与底的边沿上留下一个剔釉露胎的记号，若把记号对齐，底和盖便盖合紧密。这些看似简单但人性化的设计在现代包装设计上仍然得以沿用。

其次，隋唐陶瓷包装虽然依然沿袭了南北朝的造型特点，但在此基础上又不断发生了某些新的变化，其中以罐、瓶等最具特色，均由短粗造型向细长造型转型。但这种转变，始终以实用为前提和归宿。从罐形包装看，在继承前代的基础上，逐渐变高，有别于前朝的矮粗，以显圆润、丰满的特色。从整体造型看，四系盖罐在盖部基本继承了小盖的设计风格，而器身显然向细、长发展，与晋、北朝时期的盖罐有着明显的区别。五代时期耀州窑出土的一件青釉雕花三足盖罐，其功能可能盛装茶叶，整个罐形呈现出上小、中大、下宽的特征，便于茶叶的盛放与干燥；底部由三足组成，不仅节省材料，而且增加了稳定性。

就瓶形来看，一方面汲取前朝造型经验，有意识地用手柄来取代系、耳的设计，凸显出本时期包装造型的特色；另一方面瓶形的局部造型发生了质的改变，如颈部由曲、细向直颈发展，这对以后宋朝陶瓷包装容器产生了很大的影响。随着隋唐时期人们生活的变化，特别是喝酒、饮茶之风的风靡，出现了以盘口瓶为主的酒包装瓶器，盘口瓶尽管有四系、双系和无系之分，但共同的造型特征是盘口较大，颈部细长，一方面便于液体的注入与流出，另一方面易于人们提携。再次，在出土物中，所发现的仿生形制包装，一改前代以仿制青铜器形制为主的现象，转而以动植物为主，龟形、蚌形、蝴蝶形等既具实用又富形态美的造型较为普遍，与金银包装容器仿生形制有着异曲同工之处。

二、隋唐五代时期陶瓷包装容器的装饰

与前代相比，这一时期陶瓷包装容器装饰上的新变化主要表现在文字装饰和釉下彩两个方面。从总体上说，隋朝的陶瓷装饰虽然出现了新的纹饰图案，如小朵花、团花、忍冬纹、联珠纹及草叶相间的印纹，但仍然给人以东汉以来朴素的装饰感觉。然而，到了唐代，其装饰纹样变得绚丽多姿，挥洒自如，凝重豪放；五代时期以越窑为代表，其纹饰采用大量的划花、刻花、印花等，在瓷器上装饰荷花、牡丹、秋葵、龙凤鹅、人物和动物等，它囊括了唐代金银器和铜镜上纹饰的内涵和表现手法，花纹异常精美。

在隋唐五代陶瓷装饰纹样演变的过程中，其转折点发生在盛唐。盛唐以后，陶瓷包装容器出现了文字形式的装饰。如唐白釉花口壶，此器胎质坚细，通体施白釉，造型圆润，小巧，器腹朵花纹饰间有“丁道作瓶大好”字样，足内刻有“记”字，是唐代罕见的白瓷装饰纹样。文字装饰的出现不但产生视觉的新美感，而且可以清楚地识别此瓶的制造者及年代，为后代的研究提供了一定的科学依据。

另外，彩瓷是唐代创造或发展的各种彩釉瓷的总称，包括花釉瓷、釉下彩绘及搅釉搅胎等。花釉瓷是唐代的一大创举，在黑釉、黄釉上加入铜、锰、磷酸钙等颜料，经烧制后可呈现出彩霞、浮云等彩斑，整体格调显得明快、简朴、自然。长沙窑出产的釉下彩，即在瓷胎上用褐彩或绿彩用绘画的方法绘制几何、云水、花鸟等纹样，或先将花鸟轮廓刻其上，后填入褐、绿彩，再挂青、黄釉或白釉烧制而成。这种釉下彩绘工艺的出现，对古代陶瓷包装容器的发展具有重要意义。

三、隋唐五代时期陶瓷包装容器的特征

从总体上看，隋唐五代时期的陶瓷包装容器，使用范畴放大，广泛运用到社会生活的各个方面；而就造型来看，更加偏重器物的实用性，从南北朝时期的平底向圈足发展，从带有双耳、四耳、便于穿绳提拿，发展到安置把柄直接用拿取；瓶壶颈部细长，特别到了盛唐，出现了带盖瓶，晚唐则以直颈为典型。从装饰来看，随着审美要求的多元化和审美水平的提高，纹饰题材源于生活，高于生活，成为时代特色，此时期陶、瓷包装容器需求的剧增和艺术设计的要求，促进了陶瓷业的进步。就烧制技术来看，不仅出现了“南青北白”的局面，而且其他各色瓷也有大量烧制，这无疑为包装类别和装潢提供了多样的选择。

隋唐时期，饮品业的发展，促进了陶瓷在茶、酒包装设计中的运用。隋唐五代十国时期，喝茶风、饮酒风盛行，特别是唐代，茶叶在整个唐代经济社会中成为重要的组成部分，饮茶之风日渐盛行。消费群体的不断扩大，促进了种茶与制茶业的发展。随之，茶叶包装问题日益凸显，而陶瓷自古便有装运、存贮物品的功能，对于运输茶叶来说，可保持其干燥，达到便于运输的目的，因而成为茶叶包装的首选容器。韩琬在《御史台记》中曾写道：“茶必市蜀之佳者，贮于陶器，以防暑湿。御史躬亲监启，故谓之史台茶瓶。”茶饼及茶末忌潮湿，因此用陶瓷容器包装茶叶在当时来说不失为一种好的选择。

唐朝承平日久，不仅封建经济繁荣，而且滋生奢靡之风，无论是市民，还是乡间百姓，无论是贵族官僚，还是文人雅士，无论是上层社会，还是下层民众，都盛行喝酒。对此，唐代诗歌和传奇等文学艺术作品中有大量描述。随之，用于贮酒的容器不断翻新，酒包装有长足的发展。王绩在《春日》中说道：“年光恰恰来，满瓮营春酒。”李白诗曰：“瓮中百斛金陵春。”从这些诗句不难看出，当时的酒包装主要以壶、瓮、罐等容器为主。这些容器在考古出土物中得到了很好的验证，不仅长沙窑遗物中用于盛装酒的包装容器品种多，出土物数量大，而且唐代的主要窑口遗址中均发现了酒包装容器。从文献记述和考古发现的实物可以看出，一些罐、壶在设计上充分考虑到了酒易挥发的特点，因而在盖的设计上讲究密封性，为了方便搬运设计出便于提携的附耳。

再有就是为了满足食物保鲜保质的需求提高了陶瓷包装技术。公元 7 世纪唐代颜师古著的《大业拾遗记》在《干脍法》中记载：“以新瓷瓶未经水者盛之，封泥头勿令风入，经五六十日不异新者”，这是陶瓷包装容器能起到保鲜实物的例证和对包装密封的要求。杜甫《解闷》诗言：“侧生野岸及江浦，不熟丹宫满玉壶。云壑布衣骀背死，劳生害马翠眉须。”这是一首描述将荔枝运输到长安而为杨贵妃所用的驿运诗，此处提到的“玉壶”，材质为瓷壶，不仅有盖，而且可以用绳丝织物通过穿插的方式捆扎，便于提拿。李白《待酒不至》诗：“玉壶系青丝，沽酒来何迟。”亦是指白陶瓷酒包装容器。用陶瓷作包装荔枝的容器，是有科学依据的，我们知道陶瓷材质，其壁一般光滑，这样便在一定程度上有利于保护荔枝的完整性，避免了在驿运中的擦伤；此外，陶瓷质地坚致的特性又可使荔枝免遭容器变形的挤压，同时坚薄有利于包装荔枝的散热。用陶瓷壶装运荔枝不仅包装美观，也有保鲜效果。食物在贮藏与运输过程，如何保鲜保质，隋唐时期的设计者予以了关注和探索。这方面要求设计者考虑包装物自身的要求，这样才能有效地满足包装功能的需求。

第八章　两宋时期瓷质包装的全面发展

宋代制瓷业的产量、技术均优于前代。宋代瓷窑遍布全国且各具特色。除五大名窑外，宋代还形成了著名的瓷都景德镇。南宋设于杭州凤凰山下的修内司官窑，所烧瓷品极其精美，为当时所珍贵。宋瓷在胎质料及制作技术上皆有创新。考古和文献资料显示，瓷器作为宋代包装的重要组成部分，主要体现在酒包装、文具包装、化妆品包装、茶包装、食品包装等方面。

一、两宋瓷质包装容器的类别

宋代瓷质包装容器品种之多，远超前代，既有专供宫廷和达官贵人享用的生活精美瓷质包装容器，也有民间百姓因为保证生计而因陋就简使用的民窑陶瓷包装容器。陶瓷器，尤其是瓷器成为两宋代表性的包装形式。苏轼《东坡志林·阳诀》中记载："冬至后斋居……以三十瓷器，皆有盖，溺其中，已，随手盖之，书识其上，自一至三十。置净室，选谨朴者守之。满三十日开视，其上当结细砂如浮蚁状，或黄或赤，密绢帕滤取。新汲水净，淘澄无度，以秽气尽为度，净瓷瓶合贮之……。"就这条史料来看，带盖瓷器虽是用来贮藏药物的，但是却反映了瓷质包装容器在宋代被广泛使用的事实。从目前考古发现来看，宋代最有代表性的陶瓷包装容器有各种用途的盒类、瓷瓶类，盛装食品、药品、茶叶和化妆品的罐类等。两宋包装瓷器造型讲究，大件包装瓷器稳重而典雅，线条简洁流畅；小件瓷器包装造型花样百出，博采众长，无论仿生造型还是几何造型，都以追求和满足世俗的审美为目标，体现在造型中的世俗审美法则是人类在劳动中根据主观创造与客观事物相结合而探索出来的结果，是宋代设计美学思想的具体体现。

（一）瓷　盒

此类包装器物在宋代南北各窑均有大量生产，器型有圆形、瓜形、梅花形、子母形等。用途极广，有镜盒、药盒、油盒、粉盒、黛盒、朱盒、香盒以及文房用品中的印泥盒等。盒类包装一般以圆形为主，附盖，盖面微鼓，近底处多折腰（如图 8-1 所示）。宋代瓷盒产量较大的是景德镇窑和德化窑，拥有专门从事制作瓷盒子的专业作坊。其中景德镇窑生产的盒子，大部分都刻有铭记，这些铭记大多数是景德镇瓷盒作坊的私家店名，如"许家盒子记""段家盒子记""蔡家盒子记""吴家盒子记"等，这无疑是不同的作坊主通过铭刻标记的方式，以起到广告宣传的作用。据现有资料统计，已知有潘、段、余、陈、汪、吴、兰、程、许、蔡、张、朱、徐等十三种姓氏标记。在盒类包装中，数量最多且最常见的是粉盒包装，粉盒瓷质包装容器造型美观，款式多样。常见的有单盒、套盒、连体盒等。单盒的造型以仿生造型最为多见，仿生造型设计以瓜果类植物仿生最多，其形态结构在自然形态的基础上加以变形、夸张等处理，造型样式也表现出古代匠师们善于观察自然，以及两宋时期的文化观念与世俗审美需求。

图 8–1　汝窑刻画盒

套盒亦称“子母盒”，设计巧妙独特，具有极强的实用性。如北宋青瓷四件套刻花粉盒，整件作品大小套扣、聚散为整，充分利用空间，可把粉、黛、朱等化妆品分别放在大盒中的小盒之内，使用方便，便于保存，体现了工匠卓越的设计才能，是宋代系列化包装设计的体现。宋代套盒设计首先注重器物形式的整体美，注重子盒与母盒、部分与整体的有机统一，在造型与装饰方面充分体现协调性与整体感。此外，在套盒的结构设计中，注重内部空间的布局合理性，充分考虑包装容器的实用功能，由内而外进行设计，使容器外在形式与其功能相统一，反映了宋代瓷器包装所体现的“备物致用”的思想。

连体盒亦称“联盒”，宋代瓷器连体盒的设计以满足实用性和方便性为首要目的。如宋代的白瓷三联粉盒设计，整体器物构思巧妙，小巧玲珑，制作技法纯熟，能将日常所需的常用化妆品分类装在不同的区间，互不相混，仅需开启一次便能同时使用不同的化妆品，极为方便实用，在化妆品包装中深受使用者青睐。

（二）瓷　瓶

两宋瓶类包装瓷器品种多样，造型稳重，形态精美，且样式丰富，如各种各样的梅瓶、玉壶春瓶、扁腹瓶、瓜棱瓶、多管瓶、胆式瓶、龙虎瓶、葫芦瓶、橄榄瓶是常见的酒和药品的包装容器。宋代的瓶类包装容器，追求外观造型的美感，讲究造型的和谐、比例的匀称、线条的流畅自如，形成一种简约淡雅、釉色纯净、挺拔典雅的独特风格。造型的审美

需求和形式的丰富变化，都和宋代经济发展、人民生活不断提高、各阶层人们多方面的世俗审美需求有关。以梅瓶为例，宋代南、北方民窑多烧造梅瓶，北方梅瓶较多保留了契丹鸡腿瓶的痕迹，形体修长而秀丽，如北宋的耀州窑刻花缠枝牡丹纹瓶，高达 48.4 cm，造型优美、釉色青翠、刻花娟秀、刚劲有力。瓶身各部分比例匀称，给人一种亭亭玉立、挺拔颀长的感受，是典型的宋代梅瓶造型，也是耀州窑鼎盛时期的代表作品之一。而南宋景德镇影青梅瓶和江西吉州窑等地梅瓶的高度明显低于北方梅瓶，其容积缩小，腹径较大，显得矮而胖，造型上给人以敦实之感。北宋晚期和南宋时，还出现一种口部稍大的新样式梅瓶，其在北宋晚期到金代初期耀州窑曾有烧造，窑址中发掘出土多件。从造型上看，这种大口梅瓶应是从小口梅瓶改进而来，其口部、肩、腹与底部尺寸均增大，由修长秀美改为壮硕丰满，不仅增大了装酒量，而且增强了平稳度，放置时不必依赖支架。

二、两宋包装的文人化、理性化特征

宋代美学繁荣发展，文人地位的提高、教育的繁荣、学术的自由、市民文化的兴起与繁荣都成为美学繁荣与发展的重要基础。两宋强大人文环境的营造，使得社会各阶层虽政治经济地位有别、审美趣味有异，但主体心灵方面则有着共同的理想抱负、价值追求和艺术境界。由于重文轻武和经济繁荣，使得寒门、庶族士子成为士大夫群体的主体成分，并且成为宋代权力核心的主体成分。这一具有平民文化与经世精神的新的文化主体，使宋代美学出现了一系列的新变：作为平民文化折射的推崇平淡、朴实的审美情趣成为美学主流，使得宋代除初期之外，包装的装饰艺术一改唐代中后期崇尚华丽、绮靡的风尚。宋代美学讲法度、讲精致，促使形式美学成熟，美学追求趋向尚雅、尚清、尚逸、尚韵等。在理性的美学思想指导下，宋代的包装追求自然之美、材质之美、纹理之美、造型之美。台北林伯寿先生藏有一件宋时景德镇所产的影青印盒，属文玩包装范畴，其盒为扇圆状，盖和身似两碗合套，盒身的纹饰十分简单，盖顶面作浮雕式花叶纹饰，盖器外壁均作细直筋纹，胎骨呈白色，遍体施以白色微闪青色釉。就其简洁的纹饰和纯净的釉色等来看，充分地反映了时人，尤其是文人们对文玩一类包装器的理性的审美诉求。

两宋士大夫的审美风格往往与生活保持一定的距离，讲究远离凡尘；而市民阶层的包装艺术作品则紧密地贴近生活，随时取材于生活。因此，在包装创作的表现手法上，士大夫大多强调写意，主张为求意境而得意忘象，注重寻求和表现艺术形象以外的东西，以至于言与意、象与意、实与虚的问题成为宋代包装造器艺术中一个十分重要的问题。以形写神、避实就虚、寻求韵外之致则成为士大夫包装艺术表现上的共识。如 1966 年德安县蔡清墓出土的两件竹节形盒，盖作弧形隆起，盒身呈竹节状，盖上还饰褐彩斑五块，这充分反映了文人士大夫阶层的审美诉求。在艺术风格上，士大夫的艺术风格趋于简洁、高远、疏淡、清雅，地域性差异不甚突出。

与众不同之处是文人所特有的文具包装，这些包装最能体现文人的理性审美风格和文化意蕴。古代的文人用品主要有笔墨纸砚，文人们非常在意这些用品的品质和品牌，在其包装上也自然讲究。存放墨有墨匣，砚用砚盒，笔用笔匣，印章和印泥用印奁。宋代瓷业进一步发展，名窑众多，瓷器文具包装的烧造极为普遍。《饮流斋说瓷》中《说杂具・第九》有如下描述："宋制印合以粉定为最精，式样极扁，内容印泥处甚平浅也。若哥窑、若泥均亦佳。

哥窑印合，胎釉视常器较薄；泥均有浑圆者，有六角者……印合之式曰馒头、曰战鼓、磨盘、曰荸荠、曰平面（平面中仍有子口）、曰六角、曰正方、曰长方、曰海棠、曰桃形、曰瓜形、曰果形，递衍递嬗，制愈变形愈巧矣。”由此可见，宋代由于文化大盛，致使文人士大夫对文房用品颇有讲究，不仅追求盒形造型的各异，而且还强调印盒的精巧。

三、两宋时期酒包装的大众化特征

宋代酒禁松弛，不仅促进了夜市发达，而且影响了酒包装审美价值的转变，宋代饮酒不再只是富贵人家的专利，各阶层都流行饮酒。宋代酒业，呈现“万家立灶，千村飘香，烟囱如林，酒旗似蓑”的繁荣景象。例如，北宋河南各地酿酒业非常发达，名酒居全国首位，不但酒的品种多样，而且已经出现了蒸馏酒，只不过当时不叫“白酒”，而称“烧酒”“蒸酒”“酒露”（如图 8-2 所示）。

图 8–2　蒸酒图 宋

宋代酒包装文化在继承隋唐遗风的基础上，增添了浓厚的市民文化色彩。从容器造型而言，由于宋代是陶瓷生产鼎盛时期，精美的瓷质酒包装容器占据了宋代酒包装容器的主体。钧、官、定、汝、哥五大官窑以及景德镇等中外知名的窑址，都生产了大批精美的瓷制酒包装容器，包装形式也发生了变化，除了历代常见的坛子盛酒、草纸封口、加盖印章，以及葫芦装酒随身携带这些最早的包装形式外，在宋代酒包装容器已开始相当普遍地使用瓶装，有玉壶春瓶、梅瓶、扁腹瓶、直颈瓶、瓜棱瓶、多管瓶、橄榄瓶、胆式瓶、葫芦瓶、龙虎瓶、净瓶等多种造型与款式。

宋代在“武功不足，文治有余”的特殊社会背景下，人们比以前更着重于“穷理尽性”。因此，酒器的造型与装饰及饮酒的习俗也与当时的诗词书画一样，不再注重大气、粗朴、慷慨，而是更加注重准确、细腻、韵味以至于新巧，乃至呈现出一种世俗化、生活化和审美化的风貌。

第九章　明清时期民间陶瓷包装的发展

封建社会，宫廷上下使用的包装，无论是包装材料的选择，包装物的造型、装潢设计，还是制作工艺均体现着皇家至高无上的尊贵地位，可以说历代的宫廷包装都是各个不同时期包装技术水平和制作工艺的最高体现。明清两代处于封建王朝末期，它们集以往各个时代包装材料、工艺、技术之大成，加上经过之前各个朝代的积累，宫廷包装所追求的风格和审美意趣有了比较成熟而鲜明的模式，历代宫廷包装在艺术上所标榜的富丽高贵、豪华堂皇又为明清宫廷包装的设计指明了发展的方向，所以，明清宫廷包装在承袭前代包装艺术的基础上又表现出了不同于以往的新风格，达到了古代包装艺术的最高成就。

与宫廷包装相对应的便是民间包装，民间包装自古以来就是整个包装的主体，这不仅因为其数量巨大，具有普遍性，还因为民间包装与宫廷包装之间始终存在一种相互转换的关系，这就是为什么独特的民间包装会因物产贡纳或工匠征调等原因，为统治者喜爱和接受，成为宫廷包装；反之，宫廷包装则会因统治者赏赐、推恩或上行下效演变为民间包装。明清时期，民间包装正体现了这种特征。明清时期，随着全国各地社会经济发展水平的总体提高和地区经济发展不平衡性的相对缩小，与前代相比，民间包装发展发生了一定的变化。反映在包装的使用范围更加广泛、包装材料更加多样、包装工艺技术更受推崇、包装的重要性更加凸显。这一切在一定程度上推动了包装从传统向近代的演进。

一、明代民间陶瓷包装容器

除了技术的积淀以外，永乐年间郑和下西洋带来的经济文化交流，并使瓷器远销异域，使外国的艺术理念、技术与颜料大量输入，极大地推动了明代制瓷业的发展。而且，由于当时统治阶级的重视，官窑在数量和产量上急剧增长，江西景德镇成为著名的“瓷都”。除了官窑以外，不仅在景德镇地区，而且在全国其他地区，都有为数众多的民窑存在，而民间陶瓷包装容器多出自民窑，在造型和装饰上都有着不同于官窑制品的朴实简约风格。

明代民窑不得制作色釉器，因此，民窑只得专门从事青花器的烧制，并以之推销于海内外，其青花作画意笔洒脱，尤为突出。民窑青花仍以景德镇为主要的产地，此外也产于四川、浙江、安徽、湖南、福建、广东等地。景德镇民窑所用胎土如同官窑，先用麻仓土，嘉靖起改用高岭土。青花釉初用土青，因此发色暗而不均匀，嘉靖以后，因为盗匿私卖，回青流入民窑，所以民窑也有发色较佳的青料。官窑器巧，民窑则单纯而稳重，画风上官窑华丽典雅，而民窑则自然洒脱，简单朴素。如景德镇民窑所烧制的青花盖盒包装容器，盒作椭圆形，带盖，盖子顶部饰以串枝花叶纹，边缘环饰海水纹，盖外壁饰 S 形漩涡纹，盒肩侧饰花瓣纹，纹饰均用青花勾勒以及填染，笔意直率而狂野，设色浓淡不均，是典型

的明代初期景德镇民窑包装容器，传世和考古出土物颇多。此外，全国各地较为著名的民窑有德化窑、石湾容、宜兴窑等，这些民窑生产的瓷质包装容器造型多样，地方风格突出。

除了前代的一些包装器形，还出现了一批新的器型，如盖盒、盖罐、系罐、文具盒等。民间瓷器虽然装饰简约，但是器型却很丰富，并且包装使用的场合也很广泛，主要是因为使用瓷器包装器皿有使食物洁净、不串味、防霉变、不受污染等功能。这些器物的造型与装饰，一改元代造型中因为比例不协调所造成的不稳定感，同时，还因受官窑瓷器和外来文化艺术影响，甚至还出现了某些异域情调的装饰。永乐、宣德年间，瓷器的造型因为许多小巧玲珑的日用包装器物的大量烧制而变得异常丰富。这与郑和七下西洋以后受伊斯兰国家风俗世情的影响有关。如明宣德珠山一带使用的青花缠枝花卉单把罐，直口，鼓腹，卧足。器腹绘青花缠枝四季花卉，上下绘仰俯双形莲瓣纹，口部饰莲瓣纹一周，口沿部饰点状纹，单把中起棱。这种造型的包装器物原型来自伊斯兰教金属器皿造型。

二、清代民间陶瓷包装容器

与明代一样，清代官窑主要仍集中在江西景德镇，其管理制度和措施也大致承袭明代旧制。但官窑和大量存在的民窑的关系发生了新的变化，其中与民间陶瓷包装容器关系最为密切的是编役制的废除与“官搭民烧”方式的实行。一方面，编役制度的废除，增加了工匠们的独立性，获得较多的自由，提高了他们的主动性和积极性；另一方面，“官搭民烧”制度的施行，普遍提高了民窑的烧造技术，因此在乾隆年间，“官民竞市”的局面表现十分突出。它们相互影响，促进了整个瓷业的进步，同时刺激着民间瓷质包装容器的发展。“官搭民烧”方式的存在和发展，最终导致了官窑的名存实亡和民窑的发达。据乾隆时的《陶冶图说》记载：“景德镇袤延仅十余里，山环水绕，僻处一隅，以陶四方商贩，民窑二三百区，终岁烟火相望，工匠人夫不下数十余万。”这不仅表明景德镇民营制瓷业发达，而且商业化程度高。而且从生产的规模、分工以及雇佣关系的实质来看，已经真正发展到资本主义的工厂手工业阶段。清代由于官窑与民窑关系的模糊，使民窑瓷质包装容器的造型较前代更加丰富，许多昔日仅为官窑所烧造的器型大量流入到民间。各种篮、盒形制的瓷质包装容器应有尽有。这些包装容器大都沿袭历代传统式样，仿古风气十分盛行，普遍存在仿宋、明瓷器形制的现象。

顺治、康熙和乾隆时期的瓷质包装容器一般都比较古拙、丰满、浑厚。康熙时期的包装器型，式样之多，尺寸之大，制作之规范，更胜于明代。例如，瓶的形制多变，口小腹大称瓶，口腹大小相近称尊，口大腹小称觚；有一种口有双边，颈较细而短，瓶身直削称为棒槌瓶；另外还有梅瓶、胆式瓶、锥把瓶、蒜头瓶、天球瓶、葫芦瓶、油槌瓶、荸荠扁瓶、菊瓣瓶等。其他的包装器型还有将军罐、粥罐、鼓罐、日月罐以及各式各样的盒等。

雍正时期的包装器型制作较为秀巧隽永、工丽妩媚，器型的部位比例协调、恰到好处，不少器型还取材于自然界的花果形态，如海棠花式、莲蓬式、瓜棱式、石榴式、柳条式等。乾隆朝包装容器造型与前期相比更为繁多，并显得规整精细，新奇器物不可胜数。如转心瓶，由瓶心、瓶身、底座等分烧组合而成。瓶颈与内心粘连在一起，套于腹内，底部将器底座粘合封闭，腹部开光式镂空，可透视到颈部旋转的内心瓶上的图案，效果似走马灯。

嘉庆以后，由于国力衰微，内忧外患，瓷质包装容器虽也有些前所未有的品种和造型，如荷叶式盖罐，但都较为稚拙笨重。后来到了宣统时期，由于受到新思想和国外瓷器发展的影响，造型风格才呈现出从传统向现代过渡的特征。在陶质包装容器的烧制方面，清代民间陶场可谓是遍布全国各地，地域性十分突出，主要烧制民间日用所需的罐、瓶和瓮等，作为包装容器多用于个体家庭贮存菜肴和酒等。与以往相比，在种类、制作技术方面并无大的变化。值得一提的是清朝时期的紫砂陶质包装容器，与明代相比，也有所发展，器型逐渐增多，如清朝宜兴顾景舟制的树纹小印盒，是仿树根形状而制，雕琢逼真、形象。

最后，还需要特别指出的是：瓷质包装容器，不仅仅是以瓷器作为包装和盛装其他物品的容器。明清时期，瓷器外销频繁，大量的瓷器作为商品被销售到外域，除此之外，还有各地方陶瓷产区向京师上供瓷器，在瓷器的运输当中也产生了诸多包装形式，我们称之为瓷器的运输包装。除了传统的木箱盛装、草绳捆扎等包装方式之外，明清时期还出现了饶有趣味的瓷器运输包装方式，据明沈德符所著《万历野获编》中所载："于京师见北馆伴口夫装车，其高至三余丈，皆鞑靼、女真诸部及天方诸国贡夷归装所载，他物不论，即以瓷器一项，多至数十车。余初怪其轻脆何以陆行万里？既细叩之，则初买时每器内纳细土及豆麦少许，叠数十个辄缚成一片，置之湿地，频洒以水，久之豆麦生芽，缠绕胶固，试投牢确之地，不破损者始以登车，既装驾时，又以车上掷下数番，其坚如故者，始登以往，其价比常加十倍。"如此包装，可谓古代瓷器运输包装之典范，并对现代陶瓷包装设计有着积极的借鉴意义。

下 篇

第一章 几种适用的陶瓷产品包装材料

一定程度上讲，在消费者的眼中，陶瓷产品包装就等于产品。对于许多陶瓷产品而言，在零售环境中，包装材料是保护陶瓷的外衣，并提供影响产品第一印象的触觉质感，包装材质应在每项包装设计作业的初始阶段纳入考量。

其包装材质的选择要依据以下方面的内容进行考虑：

是什么产品？

如何运输产品？

如何储存产品？

产品需要哪些保护？

产品的销售地点？

谁是目标消费者？

成本预算是多少？

生产条件有哪些？

需要开发新结构？

结构是否该具有专有性？

由于包装材质影响到陶瓷包装保护的有效性、产品运输与最终消费者的满意度，是影响陶瓷包装设计的关键因素。所以我们所要选择的的包装材料需要在不费太大周折的生产条件下，广泛应用于常规印刷工艺。为了得到好的设计效果，针对包装材料的实验是必不可少的，同时更要注意，为了达到实验的预期目的，合理的计划和偶尔的失败尝试同样缺一不可。在对包装材料进行选择时切忌出现如下两点情况：任性或者另类，依据经验来说，这些材料制作工序繁复，成本高昂，往往超出委托人的预期资金计划。过于特殊的材料通常是针对某一特定的设计而制作的，普及性和适应性很差，尽管看上去很美，但是特殊材料有时候在印刷承载和制作折印时会遇到很大的麻烦。同时，特殊材料在色彩的应用上往往只提供极少的选择，而且这些选择很可能不是很适合陶瓷产品的包装设计。

（一）字典纸

字典纸，又称圣经纸。是一种极薄的印刷用纸，由丰富原料（从布头到原木浆的多种原材料）制作而成（如图 1-1 所示）。圣经纸集多项优点于一身：质轻、韧度高、吸墨性良好。牛津大学印刷师托马斯·库姆在斯坦福郡的烧窑厂制陶的时候，不经意间发现了字典纸的延展性、韧度和强度超群的秘密。这种当时被称为“印第安纸”的圣经纸最早是使用回收的海船上的缆绳生产出来的。自 1875 年至今，广泛应用于圣经和其他宗教用书的印刷。从那时起，圣经又大又厚的印象在人们心中瞬间转变了。现代的圣经纸通常是由木浆制造而成的，广泛应用于大宗的书卷印刷，例如词典或者百科全书。圣经纸可作为专业书籍的印刷承载物，但是需要专用印刷机进行印刷。也正是由于纸质纤薄，极易延展或卷曲，圣经纸不适合应用于商业目的。而且圣经纸大面积着墨的位置很容易出现褶皱，为了避免这种情况发生，圣经纸在过机印刷的时候切忌速度过快。在圣经纸上施加薄膜烫金的效果十分理想，但是要在注意其纸张纤薄特点的情况下小心进行，其良好的延展性可以保证其多次折叠而不出现墨迹裂隙。唯一的纸重选择，唯一的色彩（白色），良好的纸张弹性和纤薄的厚度，都使得圣经纸相比于其他纸来说更具有独特和鲜明的特点。基于以上特点，我们可以选择圣经纸作为陶瓷包装的内衬用纸来进行辅助使用。

图 1–1　字典纸

（二）封面布

封面布（书装布）的制作工艺是在机织棉布上面附着一层淀粉和颜料的混合物，这种淀粉和颜料的混合物在涂布于棉布之前首先要经过高温蒸汽的蒸烤，从而使淀粉粒分布均匀，达到使棉布均匀硬化的目的（如图 1-2 所示）。干燥过程通常是在蒸汽加热罐中进行的，棉布在通过涂胶机的同时包裹于加热罐四周，高温使得淀粉在棉布表层上面凝黑。当材料涂胶完毕之后，工序再倒过来，胶水中的水分使淀粉胶软化，从而使封面布具有柔韧易弯

曲的特点，并且有利于印刷程序的继续进行，而淀粉颗粒则始终能够避免胶水渗透到封面布的外层。

图 1-2　封面布

封面布成本低廉，获取方便，适合大规模生产，经济实用的特点使得它逐渐成为重要的包装材料之一。市面上常见的都是普通纸衬或者薄页纸衬的封面布，二者的区别在于，纯棉封面布的最大特点是采用了更加先进的人工材料，例如人造纤维。纯棉封面布在胶粘的时候会暴露出胶水易从棉布缝隙中溢出的缺点，而人造纤维因为具有更加有韧性的内衬和里衬，从而轻而易举地解决了这一难题。同人工纤维相比，纯棉材料在成本上要低廉许多，更有多种配色和编织样式可供选择。纯棉封面布适合应用于法律和医学等严肃学科，而人造纤维封面布可以满足更加艺术化、更具设计感的包装设计需求。在耐久性方面，则是纯棉封面布略胜一筹。

（三）彩色纸

如今市面上供应的所有彩色纸几乎都是非涂布纸，纸重的可选择范围相当广泛。但是由于目前生产厂家稀少，所以这种彩色纸的规格和质地往往都是大同小异的，而且针对其替代产品的研究也长时间没有获得显著的成果。彩色纸可以制作一种单面浮雕效果，这种印后工艺在产品包装领域都有很广泛的应用。市面上可供选择的彩色纸纸重范围从每平米 100 g 到每平米 350 g（如图 1-3 所示）。如果想得到更厚的彩色纸，必须对多张彩色纸施加双面胶粘工艺。这种手段达到了明显的效果，但是也令成本飙升，让大多数客户望而却步。为了达到类似的效果，设计师可以考虑用合适厚度的普通纸板施以理想颜料的方式代替，这样一来成本会得到很好的控制。但是这种工艺效果和彩色纸胶粘相比还是存在一定差距的，因为纸板边缘是无法着色的，会让人觉得有些粗糙。彩色纸适用于所有的印刷工艺，尤其是丝网印刷和烫金镀膜，具有近乎完美的效果。由于黑色彩色纸含碳量很高，在施加烫金镀膜工艺的时候会出现排斥的现象，也会产生一种特殊的烫金效果。彩色纸适合用于冲切和压折，所以对于奢侈华丽的印刷要求来讲的确是不二选择。需要注意的是，彩色纸是非涂布纸张，其纸质柔软，容易在袋盖或者隔板的部位出现脱层现象，设计师要具有发现的目光，不断寻找不同寻常的色彩和样式的色彩纸。即便当下你不能体会它们在设计应用当中的用途，但是经过这一趣味性很强的发现过程，再加上一些创新式的墨水着色和烫金效果，这些无目的的尝试始终拥有引领设计者走向新创意的无限可能。

图 1–3　彩色纸

（四）软木片

简单地说，软木片就是栓皮栎的树皮。在春夏季节，栓皮栎的树皮可以轻易剥离。成熟的栓皮栎产出的树皮质量上乘。这种生长周期的时间投资对于软木片材料的获取来说是必不可少的。

纵观历史，软木片在工业中的应用由来已久。但是真正的突破在于用橄榄油浸泡过的软木做的香槟酒瓶塞代替其他木头的瓶塞（如图 1-4 所示）。这个发现确实是软木业发展史上最重要的进步之一。在酿酒工业中，软木塞产品的应用可以追溯到 18 世纪 50 年代，而随着诸如软木橡胶混合材料之类的软木废料再利用材料的问世，软木在工业领域的施展空间陡然拓展开来，因为软木结构中超过百分之五十的成分是空气，所以软木具有很强的浮力。

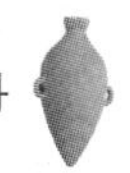

图 1-4　软木瓶塞

软木富有弹性，坚韧不易破裂，抗物理冲击，是陶瓷包装缓冲材料的绝佳选择。软木也有自身局限，由于是自然材料，其表面不能达到印刷要求的平整和光滑，在进行文字或者复杂标识印刷工序的时候不能完全实现印刷效果。市面上还有在包装环节应用广泛的集束式软木合成板。软木的实际应用环节整体上说还是很受限制的，但是它所具有的特殊表面肌理效果以及单元式的内部结构再加上软木板丰富的色彩选择，令软木材料完全有能力胜任任何一项设计项目的设计方案。即便不是这样，软木也可以以其卓越的保护功能施加于产品包装的内部结构或其他应用环节中，从而使设计真正为客户考虑，为产品考虑。

（五）瓦楞纸板

瓦楞纸板由如下几种结构组成：覆盖于表层的面纸，防止刺破的保护纸和中间像三明治一样包夹着的抗压力、耐冲击的瓦楞，这也是瓦楞纸板的核心结构（如图 1-5 所示）。瓦楞纸可以用来制作包装盒或者包装箱，它独特的结构可以很好地给内容物提供缓冲和保护。瓦楞纸的内部结构由胶水在瓦楞的芯纸凸起处进行粘结。这种结构可以承受垂直于纸面的强大压力，在包装纸箱的制作过程中必须考虑到这种条件性的承压特点。现在，世界各国使用的瓦楞纸，其楞型共有以下几种：A 型楞、B 型楞、C 型楞、E 型楞、F 型楞，甚至还有更小的微型楞。这种由 A 到 F 的顺序是按发明时间先后而定的，而不是按照瓦楞尺寸大小而定。瓦楞的尺寸由直线上每英寸芯纸分布的瓦楞数所确定。A 型楞的瓦楞体积最大，单位面积上的瓦楞数量最少。瓦楞纸板通常只有双面白色和双面棕色两种选择，而小号瓦楞的双面棕色瓦楞纸板的库存更加有限。另外，双芯和三芯瓦楞纸板在工业特殊领域能够满足一些更加专业化的需求。生产微型瓦楞纸板的目的在于使印刷品的包装、保护更加精致，而这种瓦楞纸通常在表面上粘贴一层印刷品，从而产生更好的视觉效果。

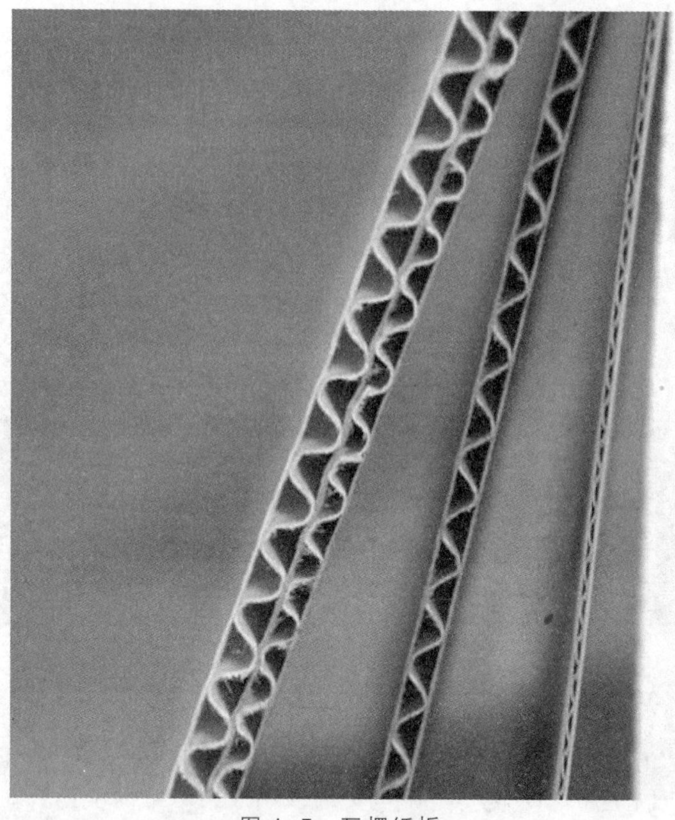

图 1–5　瓦楞纸板

由于在瓦楞纸板上附加的印刷品很容易受压碎裂，所以在进行裁切和压折工序的时候必须谨慎小心。虽然在瓦楞纸板上覆膜烫金的效果并不十分完美，但是也是值得尝试的。瓦楞纸板是由专门的高精度瓦楞纸机流水线生产的，再经由其他各式各样的专业机械，瓦楞纸机中生产出来的瓦楞纸板就最终成为各式各样的包装箱或者包装盒。比如说，三色印刷开槽机（Flexo-Folder Gluer）这种专业一体机可以完成制作包装箱的全部工序：印刷、裁切、开槽以及上胶。瓦楞纸板从这部机械中出来之后就变成一个完整的瓦楞纸板包装箱。大多瓦楞纸板包装箱都需要通过钉钉或者涂胶来进行粘结。铰接盖储运箱则突破了这一传统操作方法，其不借助外物实现了瓦楞纸箱的整体组装。

（六）毡布

毡布是以动物纤维或化学纤维为原料，经毛条制造、纺纱和渲染等工序加工成一定规格和色彩要求的毛线（如图 1-6 所示）。最常用来生产毡布毛线的动物毛是绵羊毛，羊毛纤维的外形为细长中空的柱状物，并且天然卷曲、纤维较长，且表面有相互叠加的鳞片。着水之后，这些鳞片微微卷曲，并且向外张开。无数鳞片相互勾连交结，羊毛的这一特点有利于纺纱，这也是羊毛毡手感顺滑的原因所在。制作毛毡，首先要将大量的羊毛纤维集中进行清理和烘吹，烘吹的过程中会加速羊毛纤维的相互缠聚。在这一工序环节中，可以掺入其他成分的纤维与羊毛纤维进行混合以达到特殊的品质要求或者适应毛毡视觉上的样式需要。这样经过人工卷曲后的羊毛会进入梳棉机进行深加工，梳棉机中的一柄巨大的、

环绕旋转的梳子将羊毛纤维一缕缕地抽出。这道工序生产出的羊毛纤维绒层给之后的制毡环节提供了半成品的原料。之后，羊毛纤维绒层在两面巨大的夹板之间叠加到一起，经过压缩后变得更加致密，在平板之间进行蒸汽烘吹使羊毛纤维进一步卷曲，相互粘连得更加结实，夹板随后翻转 180°，羊毛纤维相互铰接，进一步紧密。当羊毛绒层加工妥当之后，制毡环节也终于开始。羊毛绒层在夹板之中处理的时间越长，绒层的厚度越薄。羊毛纤维绒层需要经过烘干，烘干环节可以使绒层的物理性质更加稳定，同时确定绒层的长度与宽度。烘干之后将毡布置于传送带上，传送带上面的钩子能够绷紧毡布便于下一工序的进行。

图 1-6　毡布

毡布可以染色，所以颜色丰富的毡布在市面上随处可见。但是颜色鲜艳的毡布还是需要到手工艺集市中去寻找，毕竟大工业生产的精致程度还不是很完美。市场中比较流行的是厚度为 1 mm 的毛毡，黑色的厚毛毡最难生产，因为染色的难度会随着毛毡厚度的增加而增加。工业羊毡虽然颜色选择范围更小，但是却蕴含着更多的创意空间。常见的工业羊毡多为白色、灰色或者棕色。

工业羊毡布和回收纸板、瓦楞纸板一样，虽貌不惊人，却在包装设计的必要环节充当着重要的角色。在毡布上进行丝网印刷的技术要求很高，而要达到高纤维材料印刷（比如纸张印刷）的精度和效果几乎是不可能的，但是毛毡应用于内衬包装会产生独具个性的视觉效果以及触觉效果。

（七）灰板纸

灰板纸由回收的废旧纸张制作，并且极其注重加工流程中的节能环节（如图 1-7 所示）。制作过程大致需要如下几个步骤：首先将回收回来的废旧纸张放置于水力碎浆机的巨大的铁桶之中，注满水进行制浆操作。由机械摇臂进行搅拌混合，将浸泡充分的废旧纸张完全打碎，内部材料转化成为纸质纤维，和水分共同组成纸浆，然后将纸浆注入造纸机的网前箱中，在圆网机中，纸浆在多层网的过滤下逐渐排出水分，纸质纤维在网眼之间重新组织，使得纸板逐渐形成雏形。下一步，潮湿的纸板在圆网上不断被毛毡吸取水分并且经过压缩使之更加致密和结实。最后，纸板要经过蒸汽汽缸的熨烫，使纸板仅存的水分完全蒸发，经此工序之后，灰板纸才算诞生。进而以其本真面目应用到各个行业中，或者在进行碾压之后充当展示板等用途。灰板纸经过回收再造，在工业的各方面中应用广泛。

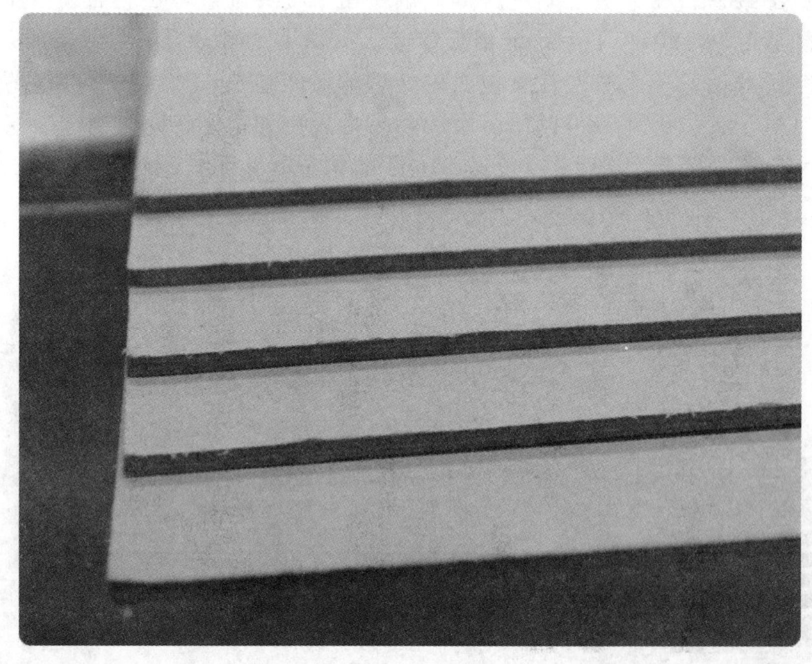

图 1-7 灰板纸

由于成本低廉且质地坚硬，灰板纸在应用中非常低调，但是它的作用绝对不能被忽视。灰板纸虽然质地坚硬，但是它能进行烫金镀膜工艺，产生凹陷的效果。而且，以清晰的烫金进行镀膜处理可以形成趣味盎然的效果。灰板纸也可以进行丝网印刷，但是必须首先进行封磨处理以防灰纸板过分渗墨从而降低印刷效果。如果不做封磨处理，同样可以通过重复印刷达到预期的印刷效果。但是重复印刷很难达到完美的图形重合，这是一个问题。亚光层压工艺在灰板纸的应用会因为灰板纸的粗糙表面肌理带来特别的随机效果，压折灰板纸的时候一定要多加小心，因为灰板纸的纸纤维比较粗糙，十分容易折裂。此外，灰板纸还存在一个潜在的问题，就是由于水分含量较大，在阳光直射条件下十分容易卷曲变形，弯曲变形的状况会持续到灰纸板里面的水分完全蒸发以后才会停止。

灰板纸是一种看上去很粗糙的材料，但是可以追加很多内层含义，它环保节能，符合工业化的需求。和普通纸相比，灰板纸在各个方面都显得粗糙，没有经过精加工与雕琢。正因如此，给人们带来了硬朗、坚韧的工业特征印象。有些情况下，通过烫金试图美化灰板纸的尝试会导致材料和工艺的不和谐以及样式上的冲突，如果运用得当，这种不和谐倒也是一种艺术效果。

（八）高密度泡沫

制作高密度泡沫要混合泡沫聚合体，并将其挤压成坚实的薄片或者厚平板，需要三道工序才能制作完成。将这些薄片或者厚板在分子层面十字交错，连接形成一种格子状结构，使得泡沫材料具有耐拉伸和抗挤压的特性。再经过冷却，确定最终的形状。高密度泡沫在

工业中的应用非常广泛，而设计师大多采用高密度泡沫作为包装内衬材料，从而起到保护内容物的目的（如图 1-8 所示）。泡沫缓冲性能优越，美观安全，并且不像采用纸盒保护结构那样复杂。生产商所提供的高密度泡沫通常包括圆环状或者平板状两种形式。正反两面包裹一层功能性膜层使泡沫看上去光滑并且坚实。绝大多数的制作操作过程都需要剥除一层保护膜或者全部剥除，以达到理想的厚度，这是泡沫板制作成产品的第一步。询问生产商他们提供的产品厚度为多少，以求在最大程度上满足设计目的。作为一个设计师，必须考虑成本和预算。剥离薄膜上的功能膜费用不菲，而相互粘结泡沫板从功能上说也远远不如一张整体的泡沫板。高密度泡沫板可以进行裁切，但是切割误差比较大，切面表面也很粗糙。击溃成型技术是更好的选择，这种技术可以参照电脑编辑好的设计方案，由钻头磨去周围计划外的多余泡沫材料，最终切割成理想的形状。市面上高密度泡沫主要以白色和黑色为主，想要其他特殊颜色的泡沫需要特别定制。如果生产商方面存有为其他项目特制的彩色泡沫，一定不要放过从中淘得宝贝的机会。高密度泡沫用途广泛，其形式也多种多样，比如针对医疗卫生而生产的药品包装泡沫。所以设计师必须提前考虑成本预算，确定符合设计需要的泡沫形式。高密度泡沫可以当作印刷承载物，但是对印刷质量最好还是不要有太高的期待。需要注意的是，由于高密度泡沫分子结构的特殊性，泡沫可以产生最大限度为 2%的收缩或膨胀形变，具体情况还要由当时的环境温度决定。所以当客户对设计形状和尺寸方面提出严格要求的情况下，应慎重考虑。这种问题在泡沫作为硬盒的内衬时尤其突出。当泡沫收缩的时候，盒子与泡沫之间会出现一道难看的缝隙；而当泡沫膨胀的时候，它又会被四壁挤得变形、褶皱。高密度泡沫是一种很有潜力的材料，具有广阔的应用前景。它是更加优越的传统包装材料的替代产物，在医疗卫生行业以及制造工业中都发挥着日益重要的作用。

图 1-8　高密度泡沫

（九）自粘纸

自粘纸在最初的时候还是一种需要涂胶水才能粘结的普通胶纸。直到20世纪30年代，一位名叫 R·斯坦顿·埃弗里（R.Stanton Avery）的美国人配制出第一个商业用途的自粘标签。这种新型的自粘纸类使用非常方便，可以在曲面上粘贴，剥离后也不留残胶，解决了此前的很多难题。自粘纸主要由一种水性胶构成。在涂有有机树脂的纸张或者离型纸的表面上施胶而形成这种自粘特性。胶质干燥之后将贴纸附着到被粘物表面，能够实现理想的胶粘效果。自粘纸分为实心离型纸和分裂离型纸两种。对于实心离型纸来说，必须从纸的边缘慢慢地将其从胶粘表面撕开才能使用。而分裂离型纸的剥离过程则更加简便和快捷。分裂离型纸虽然用法简单，但是纸质较薄，印刷的时候会有透色的问题。而且这一性质对于双面印刷也有很大的阻碍。

自粘纸，或者说背胶纸，最主要的一个用途就是标签（如图1-9所示）。而自粘纸的其他用途也十分广泛，从工业方面到普通家用。因为自粘纸有很多特殊种类以符合不同的应用需要，所以了解其特殊的性质和功能，可以避免在设计环节出现使用材料的差错，这对于设计师来说是很重要的一项功课。自粘纸的色彩选择和印后工艺选择都比较自由。而且在自粘纸的衬纸上都会标有每一家生产商的商标。这种商标有可能会分散设计师的注意力，所以在考虑印刷效果的时候最好能够找到白色清爽衬纸，排除一切不必要的干扰。自粘纸的纸重也有多种选择，甚至衬纸的规格也有所区分。自粘纸对于印刷和印后工艺来说几乎没有任何限制，设计师可以天马行空地展现创意。唯一需要注意的是，自粘纸越大，越容易出问题，所以在印刷过程中，细心是必须的。

图1–9　自粘纸

（十）合成纸

合成纸是多家公司联合开发，并由一系列材料集合而成的，是为了取代以木材为原料

的传统纸张而生产出的一种新材料（如图 1-10 所示）。质地坚实，印刷承载性强，而且可以针对不同的需求而特殊制作出具有防水、防其他化学制剂或防撕裂特性的特种纸张。总的来讲，合成纸比普通纸的韧性更强，同时具有普适性和便捷性。

图 1-10　合成纸

合成纸是一种革命性的材料，但是新的生命必然具有或多或少的弱点。在平版印刷中，合成纸表面的油墨很难附着到纸面之中，所以在这一环节中必须辅助以特殊手段。例如，大多数印刷厂通过避免在干燥过程中进行合成纸叠加来实现油墨自然风干的手段，从而解决这个问题，但是这种方式会带来印刷表面的橘皮状褶皱。

合成纸在进行平版印刷的时候必须要小心谨慎，而丝网印刷和烫金工艺对于合成纸来讲就轻松了很多。激凸效果在合成纸的表面上效果也不是很稳定，装订之后纸张之间的隆起会带来一些不理想的效果。合成纸相比其他印刷材料来说最大的一个优点在于，进行压折的时候，合成纸可以很轻松地达到完美的折痕效果。并不是所有的设计师都十分了解合成纸在印刷和设计中的前景，而供货商手中虽然拥有丰富的合成纸样品，但是实际的库存中却往往断货、缺货。在生产商手中的样单和宣传册中，合成纸的优点往往不能凸显，但是随着合成纸实际应用的不断发展，相信它的设计感和功能性会逐渐被设计师广泛接受。

（十一）木料

日常生活以及工作中我们所阅读的、所消费的很多产品都由纸或者纸板制作而成，而纸和纸板的原料就是我们平时最熟悉的木料了。木料是家具设计师以及产品设计师最常采用的设计材料（如图 1-11 所示）。从这个角度出发，可以说木料是家具和产品所具有的一种本质。对于平面设计师来讲，似乎很少接触木料，更难有使用其作为设计元素的机会。其实，平面设计师是没有任何理由去抵触或者拒绝木料材料在平面设计中的特色运用的。对于一些更加专业的客户，比如本身就是家具生产商的设计委托人，设计师必须掌握更加全面系统的木料材料信息，进而令自己更加自信，更加胜任地投入到设计工作中，最终满足这些客户的特殊需求。

图 1–11　木料

在绝大多数运用到木料的平面设计案例中，木料的选择都是具有一定方向性的。这些木料都是带有本身木质纹理的薄木板，并且可以保证印刷。设计师都趋向于选择某一种木料作为其设计的主要选材。这样做的目的在于：首先，设计师对其特性能有更成熟的把握，保证设计工作进行得更加顺利。其次，材料的提供商可以确定为某家家具厂或者自己工作室的地板厂商，木料货源能够得到保障。但是一些设计师选定的木料要么过于纤薄，厚度少于 20 mm，非常脆弱，要么过于昂贵。在此提供一种比较合适的木料材料（仅供参考）——郁金香木（tulipwood），这种木料可以施加多种工艺，产生多种木质效果，而且其木质纹理也无可挑剔，是卓越的木质材料。想要在木质表面印刷标志或者字体，丝网印刷是最佳的方法。如果木料质地足够坚硬，甚至可以在木料上进行烫金处理。有些木料加工工坊装备有蚀刻工具，可以完成浮雕效果甚至火印效果的制作。但是这项工序极其费时，成本高昂。而棕色丝网印刷可以近乎完美地代替这种费时费财的蚀刻工艺，并且没有木料烧焦的味道。木料的货源并不单单局限于当地的原木加工场，一些店面装修公司可以从设计师的角度出发，理解并考虑平面设计师提出的设计要求，例如印后工艺和色泽尺寸等，最大限度地满足供货需求。

第二章　几种适合的陶瓷产品包装印刷工艺

陶瓷产品包装印刷工艺是由一系列相互关联的环节构成的，平版印刷领域是我们最常接触的工艺环节。在平版印刷环节中，从油墨的选用到材料特性的考虑，都必须进行细致的研究，因为其中的每一个步骤都含有自身所独有的特性和要点。以丝网印刷为例，其印刷承载物可以是普通的纸张，也可以是聚乙烯或者其他复合材料，这一特性为实验性的探索创造或者替代性的设计计划提供了可能。印前印后工艺一定是对应着合适的印刷设计项目而言的，冲切、装订，各式各样的包装无一例外，不管选择何种加工工序，设计师自始至终都需要考虑工艺与产品包装之间重要的联系，要把设计工艺的全过程乃至每一个细节以一个整体的概念去对待，去运作。同时，这样的设计方法也会给设计师带来意想不到的新鲜灵感。深入了解各个制作工艺，要求设计师清楚地知道每一项工艺的关键点所在，这些关键点往往潜藏于诸如调研、经费和时间周期等方面。针对这一方面的内容，设计师必须投入足够的重视，否则设计项目的开发就没有效率可言，而崭新的创意和概念也不会不请自来。

印刷制作工艺研究的出发点始终落在两个方面：这种工艺的成品是否具有审美价值以及印刷制作工艺对陶瓷包装设计项目的适合程度。设计师也许会偶然间发现某件日常用品或者普通的包装中蕴涵着一种适合于某个设计项目的印刷制作效果。经过设计师和制作方之间的交流协商，这种印刷效果的制作工序就会最终敲定。或许在某些特殊情况下，沟通的结果会趋向于生产商方面更加成熟的设计特性。但无论如何，最终得出的印刷制作工序都会被设计师当作独家创意而精心守护，以防被竞争者所掌握。事情也许并非如此简单，有时候，具有启发性的事物并不能追溯到制作工艺方面，且很难有一个切实的源头。在这种情况下，寻找特别材料和专用产品的生产商就变得至关重要。他们更了解产品的特殊用途，没准会给你一些难得的建议，帮助你少走一些弯路，以尽快确定中意的印刷制作工序。

对于印刷制作工序，工业化程度越高，其加工成本也越高。这些成本包括生产模具和制作工具的成本，以及印刷制作过程中为校色和调整视觉效果而产生的打样成本。其中有些设计制作过程需要热成型工艺和注模成型工艺，这些成型工艺的制作工具成本很高，但是成本换来的制作效果也是很出众的。生产商会给设计师提供一些控制成本的诚挚建议，例如换用一些基本的、初级的成模工具。设计师作为客户也需要多家探访，选择价格更加合理、制作更加熟练的工艺工坊。制作周期的长短要视制作工艺而定。越依赖特殊工具的印刷制作工艺，那么它的图形印刷期、细节调整周期，以及最终的成品输出周期就会越长，设计师必须考虑到这些时间上的因素。设计师要求的特殊工艺，相对常规工艺来说需要更长的制作周期和较晚的交货时限，不同于前一部分中提到的设计制作材料方面的特点，印刷制作工艺的具体步骤、细节务必加以详尽的解释，这样客户或者设计师才能够真正理解这种或者这几种印刷工艺的功用和优势，而最终顺利批准设计项目的艺术采用。需要强调的一点是，与印刷工艺厂商保持良好和有效的沟通能够最大限度地降低设计师的设计成本。因为厂商最了解工艺的特点，并且可以以相对合理的价格提供系统的设计项目小样和原型稿，如果你是老顾客，印刷厂有时候会免去你打小样的费用。设计师的沟通技能是众多设计环节中的关键所在。只有高效的沟通，才能保证创意过程的流畅和最终设计的成功。

一、折叠盒

纸盒包装可以分为折叠纸盒包装和硬纸盒包装（如图 2-1 所示）。折叠纸盒包装更加经济，同时具有更广泛的适用性。对于普通商品包装等需要尽量节约成本的产品包装而言，折叠纸盒包装具有更大的吸引力。同时，可折叠纸盒包装自身的生产和储运也十分方便。折叠纸盒包装的弱点在于，其有限的使用材料所带来的设计美感不足，折叠纸盒是由展开片经过适当的折叠和粘结最终组合而成的。折叠纸盒现在都倾向于机械化大规模批量生产，这样可以大大提高折叠纸盒的生产速度并且降低它的成本。折叠纸盒隐藏于平常百姓的生活之中，如果仔细钻研，就会发现很多有意思的细节。设计师的好奇心是很重要的，尝试着去拆开、分解折叠纸盒包装，深入分析它的结构，这样你就会对折叠纸盒包装形成更深层次的认识。

图 2–1　折叠包装盒

折叠纸盒广泛应用于工业以及制造业中的各个层面，不同的纸盒样式适用于不同的包装需求。折叠纸盒的制作过程包括盒型设计、原型盒的制作、平面展开图印版调整、冲切和最后的胶粘。在大多数情况下，折叠纸盒的原型盒都是在电脑辅助设计的引导下通过自动化机械制作完成的。这种电脑辅助设计程序可以准确地追踪纸盒结构并且计算矢量路

径，最终成型的原型盒极其精确。这样的自动化辅助设计就给设计师节省了更多的时间去考虑设计美感方面的问题。对于纸盒成型，计算机辅助设计仅仅是一个层面，而一个足够有经验的纸盒技师可以最终实现电脑中由路径到现实事物的转换。一个纸盒技师的宝贵经验可以令他从无数种封口方式里选定最适合的，这对于设计师而言的确意义非凡。平面展开图的印版制作和冲切环节同样不可忽视，平面合理的布局可以极大地节约成本。在一张原料纸上如何分布最多的纸盒，以达到纸料的物尽其用的确是门学问。纸盒材料不单局限于纸或是纸板，现在有很多人造材料都可以用于折叠包装盒的设计。丰富的材料为设计提供了更加广阔的操作空间，而形式美感则在很大程度上依赖于材料和工艺的搭配。

二、封　扣

封扣应当是一处体现着设计品位的精致细节，需要精到的处理和深刻的设计理解。作为印后工艺的一个环节，可以说封扣影响到整个设计成品的效果以及用户对设计产品的感受。包装体验者首先要接触的就是这么一个简简单单的封扣装置。

扎线封扣：这种封扣方式最初是在法律行业中的档案袋上面出现的，它可以满足需要，快速打开或者关闭内部装有文件和机密档案的文件夹或者信笺（如图 2-2 所示）。这种封扣方式的关键部分在于两个小圆片，圆片由金属质铆钉中间夹一片纸板，用于线的扎绕。扎线封扣的制作需要由一种特殊的机械进行，两个圆形纸片必须以铆钉固定，扎线须固定于其中一个纸片，这样便于线绳缠绕于另外一个纸片收紧或者解开。圆片是由纸板和棉线组成的，出于形式上的一致性考虑，设计师可以将圆片上的纸板代替为其他材料，以达到整体包装的统一。但是要注意其他材料在强度上可能不如平凡的纸板可靠。

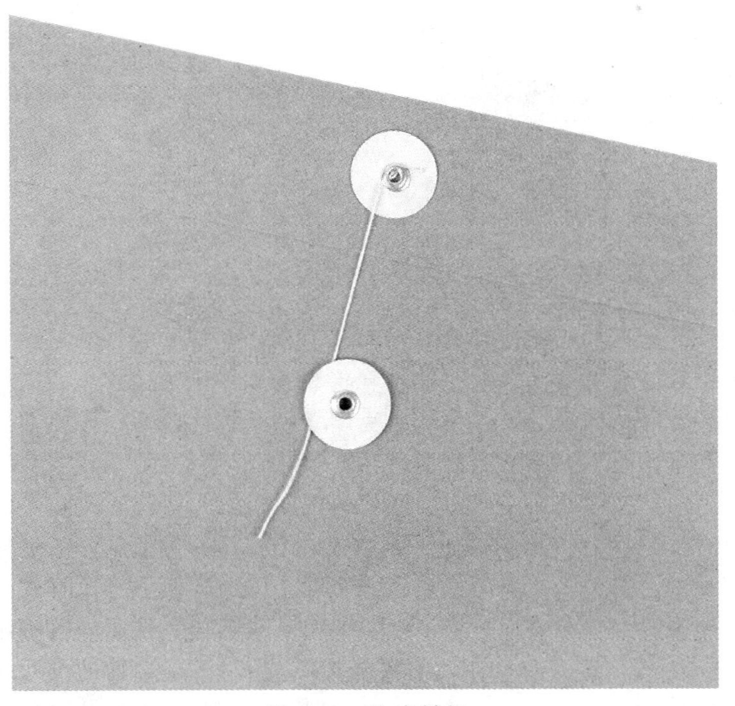

图 2-2　扎线封扣

磁铁：近年来，或许是由于磁铁具有的趣味性闭合方式，使其成为了封扣装置的流行性趋势（如图 2-3 所示）。最为常见的是条状磁铁封扣，有多种宽度的选择。但是它的厚度的确限制了磁铁封扣的适用范围。除了条状的磁铁封扣，市面上还有圆片状的磁扣，适应性同样也受到了磁铁厚度的局限。磁铁封扣的另外一个顾虑，是磁铁棕黑色的质地——其他色彩的磁铁是不存在的，它对于一些色彩上的特殊要求无法满足。设计师会应用包覆性的材质装饰磁铁封扣，但是这样做却牺牲了磁铁的吸力，这种以功能换形式的做法是不值得提倡的。更好的做法是，去找一块更大的磁铁，用丝网印在磁铁表面做一些肌理，比如一个标志，去引开人们对色彩的注意力，设计师需要多与磁铁搭扣的供货商沟通，确定更加完善的尺寸和针对设计材料的胶粘方式。对于技术细节上的问题，设计师需要向专业方面的人才多多寻求帮助。

图 2–3　磁铁

维克罗搭扣：这种便利的尼龙扣与磁铁封扣有很多类似的特性。最关键的问题在于，运用合适的胶粘剂让维克罗搭扣结实地粘接在材料表面。尼龙扣的形状也可以随不同的要求而改变。需要多加注意的一点是，由于维克罗搭扣系统结合力很强，圆形尼龙扣打开的瞬间很容易由于和基础材料粘结不牢而脱落。

按扣：对于聚丙烯或者其他硬质材料而言，按扣是最佳搭档。按扣可以由工具铆进基础材料表面。有时候，找到一个合适于设计整体的按扣是一件很困难的工作。常见的按扣颜色只有几种高亮度的纯色，如黑色、白色和金属色。

皮筋：在包装盒的背侧面固定之后，皮筋可以给使用者提供一种富有趣味性的封扣方式（如图 2-4 所示）。实际上，你并不需要任何关上或者封闭的动作就可以完成封扣过程，杂货店里就能找到各式各样的皮筋，相信设计师可以从中找到理想的材料。

图 2-4　皮筋

三、冲　切

冲切工艺是专门用来裁切大量薄板型材料的方法，例如纸张、纸板、橡胶、塑料等材料，都可以用冲切工艺裁切（如图 2-5 所示）。大多数折叠包装纸盒以及纸板盒都是经由这工艺制作而成的。对于裁切特殊形状，比如折叠包装盒的顶盖和糊头等结构，冲切工艺可以做到游刃有余。冲切工艺中，最关键的部分就是所谓的冲模，或者叫做刀模，这是一种专门为裁切而准备的类似于印版的模板。由于需要经受多次冲切刀的裁切，所以刀模的材料通常都是一些高密度合成板。刀模工艺师使用锯子或者激光将高密度合成板进行精确的裁切定位，之后将一个铁质的标尺按照定位严丝合缝地进行弯曲。加长的剃刀依靠锋利的刀锋在硬化的高密度合成板上参照着裁切边缘，同样进行定位和路径的跟踪。最后要用橡胶垫，也就是橡胶填充进制作完成的刀模，以便冲切工序完成后纸模可以顺利地从刀模中脱离。高密度合成板、铁尺和橡胶垫这三者组成了我们熟悉的刀模。一旦冲切工艺师制作完成刀模之后，就可以立即将刀模投入到工序当中了。液压泵由刀模的顶部或者底部与之相连，提供裁切的时候所要施予的压力。将需要冲切的印刷材料放入刀模下方，这样液压泵就可以开始工作了。如果需要套准的话，材料最好放在定位网的上方或者内部，刀锋

图 2-5　冲切

沿着冲模逐渐切入厚厚的材料，直到将其完全与边角料断开，随后液压泵会将刀锋收回，完成的印刷品就完美地呈现在大家面前了。有些时候，为了保护刀锋和冲切机，在刀模底下还会衬垫一层缓冲隔离垫。打孔和折缝也可以由专门的打孔冲切机或是折缝冲切机进行加工。而刀模则与普通的冲切机刀模别无二致，打孔机有的情况会装备有相对的两个刀模，两个刀模一个在上，一个在下，同样对准先前定位妥当的铁尺路径进行冲切。如果操作得当，冲切机甚至可以加工易碎的材料譬如丙烯纸等。还有一些情况，如果需要提高打孔或者折缝的质量，刀模甚至可以加热进行高温裁切。在进行大量纸品裁切的工艺过程中，全自动冲切机就会派上用场。不论是制模还是裁切的过程，完全无须人工介入，由电脑控制一气呵成。这种全自动冲切机大大节约了工艺成本，同时也明显地缩短了工艺周期。

四、压凹凸印刷

压凹凸印刷，其主要的机械结构在于冲模和压板。起凸工艺可以形成激凸的立体图形效果，而压凹则可以最终产生陷入的图形效果（如图 2-6 所示）。完整的压凹模板经由液压泵进行印刷承载物的工艺处理，模板在印刷承载物上施加足够的压力。这一环节引出了在压凹凸印刷过程中最为重要的准确度和凹陷深度的问题，冲压可以进行有色印刷，通常采用油性染料进行，其干燥速度相对缓慢。但是随着激光打印机的出现，在高温下不易溶解的水性染料也可以胜任有色压凹凸印刷了。而无色冲压是以素压印工艺完成的。在印有凹凸效果的承印物上面进行二次印刷，工艺有多重选择。总的来讲，因为设计依靠于浮雕效果彰显个性，而油墨在裁切下的冲压区域已经沉积下去。随之出现的，就是期待的凹凸肌理效果。冲压印刷不能进行多色多次加工成型。每一种色彩冲压都必须单独加工，多彩色冲压必须严格把握每一次冲压环节的精确性，否则不能产生理想效果。冲压印刷，客观地说是一类周期长且成本高的印刷工艺手段。但是为了油墨的特殊质感以及凹凸的美妙效果，一切都是值得的。

图 2-6　压凹凸印刷

以金属专色塑造抛光效果是一种很流行的印刷工艺，同时这种工艺也可以有效地避免油墨沉积的问题。在液压泵加压之前，金属专色的油墨图片会被放入冲模之中，最终成型后产生完美的凹凸肌理效果，冲压印刷的冲模同样是由钢铁锻造。为了多次重复使用，冲模需要进行强化处理。铜质冲模对于使用期限较短的印刷方案来讲，也是不错的选择。对于素压印工艺，黄铜比钢铁更适合，其冲压效果更加清晰。一般来说，起凸和压凹适合在较厚的纸张或其他承印物上面进行，因为厚纸比薄纸更能够保证最后浮雕效果的强度和耐磨度。冲模不是一种普遍的设计印刷手段，而类似于冲模印刷的热压凸印刷工艺同样能够制作出富有触感并彰显奢华感的肌理效果。

五、柔性版印刷

柔性版印刷，也常简称为柔版印刷，是包装常用的印刷方式，广泛应用于塑料袋、瓦楞纸箱等包装的印刷中（如图 2-7 所示）。由于这种技术的第一次应用是在极其不平整的瓦楞纸板表面上进行印刷，柔版印刷便因此得名。因为不论何种印刷方式，都要求印版表面与承印物之间的紧密接触，这样才能让印刷油墨在承印物表面平均涂布，从而保证印刷效果。对于瓦楞纸板的材料，同样要求印板的表面与之结合紧密，于是人们想到了柔性版。但是，不平整表面中不需要油墨着色的突出部分很可能会附着非印刷区域上面残余的油墨。为了在最大程度上避免这种事故的发生，印版中的非印刷区域必须和印刷区域在雕刻深度上明显地区分。

图 2–7　柔性版印刷

柔性版印刷是在橡胶或聚酯材料上制作凸出的图像镜像的印版——就像是小孩玩耍的土豆印。油墨转到印版（或印版滚筒）上的用量通过网纹辊进行控制，印版表面在旋转过程中与印刷材料接触，从而转印上图文。柔性版印刷的适用性同样存在一些局限。它最大的优势是对于诸如瓦楞纸板等表面不平整的材料印刷，具有相对的成本控制力。柔性版印刷存在的一大缺陷是，由于油墨着色程度的局限，所制作出来的文字或图形效果并不是很完美。这个问题的根源在于柔性版印刷所使用的橡胶印版。橡胶材料自身对于油墨就有一定的吸附能力，这使得油墨的实际运用率打了不小折扣。很多情况下，柔性版印刷不胜任文字印刷的缺点为它的普及增添了很多困难。实际上，对于设计师而言，要熟练而巧妙地运用各种工艺所带来的设计形式美感。而这种若即若离的柔性版印刷效果在一些设计项目中如果应用得当，的确可以大放光彩。

六、油　墨

除了传统的潘通色系油墨，还有一些特殊的油墨在印刷中发挥着不同的作用。大多数情况下，这些油墨都可以使用在丝网印刷中，并有着出色的效果。部分油墨种类还能很好地适应平版印刷（如图 2-8 所示）。以下就是几类具有特色的特殊油墨。

图 2-8　油墨

1. 香味油墨

香味油墨可以提供给客户新奇的嗅觉体验，如果遇到的是一个具有独特偏好的顾客，还可以通过添加不同的香料特制出顾客需要的香味油墨。香味油墨中具有挥发性的香味微粒，可以在丝网印刷中表现出很好的效果。值得注意的一点是：香味油墨可做成水性和油性两种，水性的效果比油性的好。水性香味油墨必须在没有进行塑封的光滑表面上进行印刷，否则很容易因为刮擦而脱落。香味油墨虽然会散发迷人的气味，但是这种效力不会永远保持下去。如果你需要一种能够散发恒久魅力香气的油墨，最好去询问供货商是否有这种库存。香水商人也是你要经常沟通的人群，他们手中往往掌握着一些秘传的香味，他们绝对不会将其轻易地透露给陌生人。

2. 热敏油墨

热敏油墨的色彩选择存在一定的局限性。但是很多项目的客户都倾向于黑色的热敏油墨，因为它会产生戏剧化的视觉效果。热敏成分需要储存在半透明容器中，在丝网印刷中才能发挥最佳的效果。热敏油墨的感应温度也会随着气候环境而产生一定的差异。热敏油墨属于水性油墨，最好的承印物是纸类产品，也可以在塑料上面印刷，但是会出现一些图像的褪色，在印刷过程中应当注意热敏油墨的印刷周期很长，而且其视觉效果也不是十分明显，总之是一种性价比不算很理想的印刷方式。如果热敏印刷产品不加以稳妥的塑封，就会很容易出现磨损。热敏印刷在光照的条件下具有很好的视觉效果，尤其是黑色油墨，光照可以很好地烘托色泽。

3. 可擦除油墨

常见的彩票刮刮卡或者其他促销物品都会使用到可擦除油墨。可擦除油墨是一种以橡胶为原料制作而成的油墨品种。它能提供一个清晰可见的指示，常用来印刷背景色。可擦除油墨有各种各样的颜色，包括荧光。

4. 珠光油墨及虹光油墨

这类油墨可以适用于所有的承印物，并且呈现出非凡的金属色泽以及光影效果。其印刷品具有细腻的珍珠般光泽和较强的光折射率，能够提升印刷品的档次。珠光油墨和虹光油墨主要用于印刷高档包装、商标等。

5. 其他油墨

除了刚才提到的几种特殊油墨，还有一些诸如日光感应油墨、荧光油墨以及烁光油墨等特殊油墨。设计师应该在关注设计的同时，多加留意这些丰富的油墨，不单单在国内，更需要站到国际的高度，去发掘可以为己所用的特殊油墨。在现代交通物流条件如此发达的情况下，油墨的运输会更加便捷，使独一无二的视觉感受通过更国际化的方式来实现。

七、再生纸包装

再生纸包装常用于商品和产品的保护性包装，它可以在商品储存和运输的流通环节中起到很好的保护作用（如图 2-9 所示）。再生纸包装是由回收材料经过生物降解工艺生产而成的，在后现代设计的环保潮流中是替代塑料材料包装的绝佳选择，而且这种再生纸还能够制作成一次性的餐盒和药盘。

图 2-9　再生纸包装

再生纸包装是由回收纸浆生产而成的，其工艺类似于回收纸板的生产工序。由于再生纸包装必须具有保护产品的功能，所以其制作工艺必须包括塑形的过程。纸浆经由纱布附着后由小型抽气机进行造型处理。纸浆附着厚度是一项关键的指标：太薄的话，再生纸包装的强度不能达到保护功能的要求；太厚的话，则会使制作工艺无法顺利进行。经过科学设计的再生纸包装可以起到比泡沫塑料等塑料衬垫还要安全的包装保护作用。

再生纸包装的制作过程也不是很昂贵，它和热成型工具类似。标志和其他文字或图形都可以在再生纸包装上得到很好的体现，压凹或者压凸皆可。这种包装的性价比极高，制作成本低廉，但是再生纸包装的生产必须要参考其他包装的生产过程。为了能够使再生纸包装适合于它所包裹的商品，同时还要使它能够适合于外包装的尺寸，整体统筹设计生产计划是极为必要的。再生纸包装可以着色，但是成本会变得很高，而且机械也会因此受到污染，需要进行复杂的清理。带有固定色彩的纸张或者白色的再生纸可以作为更经济的替代选择。作为一种经济实用的包装选择，再生纸包装更环保，更具创造性的操作空间，而且更有前途。

八、裱糊纸盒

相比于折叠包装纸盒来说，裱糊纸盒包装是档次更高、更富设计感的一种包装结构（如图 2-10 所示）。裱糊纸盒通常都是由手工制作，所以裱糊纸盒处处都蕴含着一种特殊的味道，同时裱糊纸盒的结构特点也给人一种信任感和实际感。基于这些原因，陶瓷产品包装大多会选择裱糊纸盒作为其包装形式。裱糊纸盒对于提高产品附加值，或者体现商品本身的品质感来说都能发挥很好的作用。

图 2–10　裱糊纸盒

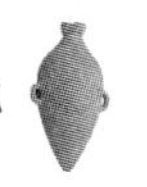

为了降低成本，裱糊纸盒也可以经过机械化流水线生产，但是材料和结构上的自由度也相应地受到很大的限制。一个标准的裱糊纸盒内部结构包括硬质支撑骨骼和常见的回收纸板。通过对回收纸板适当地裁切拼合而组成裱糊纸盒的内部支撑，之后在骨骼上进行裱糊，裱糊材料常见于纸张或者塑料纸。裱糊纸盒通常会由非涂布彩色纸组成一个内衬结构。常见的内衬结构是一种类似于顶盖的形式，黏结得很牢固，很难摘除，尤其对于大型裱糊纸盒而言。这是因为内衬装配之后盒体内部会形成一个真空的腔体，气压差给内衬提供了一个附加的结力。内衬封好后可以进行裁切修边，可是修边之后的内部回收纸板很容易破坏整体的效果。大型裱糊纸盒更难制作，成本也更高，因为大型的纸盒需要的人工劳动更多。裱糊材料应该首先裁切成结构展开图的形状，然后粘在内衬纸板上。而随着纸盒体积的增大，其结构展开图的面积也随之增大，裱糊用材料会愈发产生卷曲的问题。因此大型裱糊纸盒需要更多的精力去应对这些问题。而且大型裱糊纸盒的印刷制作与其结构要求的吻合程度也会随着生产速度的提高而损失一些精确度。

裱糊纸盒的内衬是另外一项支出。经过裱糊使得纸盒看上去更整洁，但是需要附加额外的成本作为代价。当预算不支持内部裱糊的时候，可以选择黑色或者白色的内部支撑材料，这样的效果也不会太难看。生产裱糊纸盒是一个令人欣喜的过程，随着原型纸盒的完成，你会愈发地感觉到纸盒中流露出的手工艺传统气息，丝毫没有机器化生产的那种冷漠感，细腻而且亲切。

九、丝网印刷

丝网印刷可以给设计师的设计创意提供各式各样的实现手段。丝网印刷的适应性极其广泛，几乎兼容一切的油墨和承印材料（如图 2-11 所示）。而且具有很大的设计潜力，创

图 2-11　丝网印刷

新性设计应用的实验成果层出不穷。丝网印刷可以由自动化机械进行，也可以在传统的手工艺刮板上进行。丝网印刷是将丝织物、合成纤维织物或金属丝网绷在网框上，采用手工刻漆膜或光化学制版的方法制作丝网印版。印刷时通过刮板的挤压使油墨通过图文部分的网孔转移到承印物上，形成与原稿一样的图文。丝网印刷设备简单，操作方便，印刷、制版简易且成本低廉，适应性强。

丝网印刷由五大要素构成，即丝网印版、刮印刮板、油墨、印刷台以及印刷承载物。丝网印刷基本原理是：利用丝网印版图文部分网孔透油墨，利用非图文部分网孔不透墨的基本原理进行印刷。印刷时在丝网印版一端倒入油墨，用刮印刮板在丝网印版上的油墨部位施加一定压力，同时朝丝网印版的另一端移动油墨，在移动中被刮板从图文部分的网孔中挤压到承印物上。由于油墨的粘性作用而使印迹固定在一定范围之内，印刷过程中刮板始终与丝网印版和承印物之间呈线形接触，接触线随刮板移动而移动。由于丝网印版与承印物之间保持的一定间隙，使得印刷时的丝网印版通过自身的张力而产生对刮板的反作用力，这个反作用力被称为回弹力。由于回弹力的作用，使丝网印版与承印物之间呈移动式线形接触，而丝网印版其他部分与承印物为脱离状态使油墨与丝网发生断裂运动，保证了印刷尺寸精度并避免弄脏承印物。当刮板刮过整个版面后抬起时，丝网印版也抬起，并将油墨轻刮回初始位置至此为一个印刷流程。印版最初是由普通的纸张裁切而成的，或者是在丝网印版上以不透过油墨的装填材料直接手工绘制。

现代丝网印刷技术则是利用感光材料通过照相制版的方法制作丝网印版，把初稿所需的文字和图像按要求缩放到底片上，再将底片贴合在涂有感光胶的金属版上进行曝光，经过显影便可在金属板上形成所需要的文字或图像的感光胶膜。然后对胶膜进行抗蚀性处理，使之成为一种有很强的耐酸碱性、有光泽的珐琅质薄层。再将金属板浸入硝酸或三氯化铁溶液中，无珐琅质胶膜的金属表面便被腐蚀溶解，从而形成凸出的文字或图像的印刷版。

丝网印刷与其他印刷方式相比具有诸多优势。首先丝网印刷的工艺周期短，省时快速的特点是其他印刷方式不能比拟的。此外，材料的选择不受任何限制，创造性的实验也可以带来更多新奇的丝网印刷效果。如果一种新发现或刚问世的材料被引入到平面设计领域，那么值得最先尝试的实验工艺就是丝网印刷，它会给设计师带来超乎想象的新鲜成果。

第三章 陶瓷产品包装的缓冲保护设计

一、陶瓷产品包装结构与造型设计

陶瓷产品包装的造型与结构是包装设计中一个非常重要的设计元素，是关于立体空间的设计和利用问题。立体空间需要结构或者说造型来展现，而结构和造型则需要围绕空间的要求去构造。“空间”的概念在中国很早以前就被人所认识，历史上很多生产、生活器物都体现着这种设计思想。我们不仅从这些器物中看到了造型结构与空间的物用关系，而且在东方，“空间”也上升到哲学的高度。古代哲学家老子在《道德经》中曾经说：“三十辐共一毂，当其无，有车之用。埏埴以为器，当其无，有器之用。凿户牖以为室，当其无，有室之用。故有之以为利，无之以为用。”它告诉我们，人们制造的器物之所以能够为我们所用，是因为它创造了一个特定的空间。“有”只是为“无”提供条件，真正发挥作用的却是“无”。这种“有”与“无”的关系表现出了辩证的哲学思想，而包装的结构及其空间恰恰就涉及这种辩证思想。

陶瓷产品包装的造型结构主要是指商品包装的立体结构造型设计，包装设计的造型结构设计，直接影响到包装的使用性与美观性，即包装在流通过程中，能否可靠地保护产品、方便运输、利于销售等。陶瓷产品包装的立体构造是为其内部空间服务的，其宗旨是为了取得合理的包装空间，使产品有一个恰当的容身之处。如果我们的包装造型只是为了得到一个华而不实的外形，那将大错特错。

陶瓷产品包装结构根据材料的不同，主要分为折叠式结构和固定式结构两种。折叠式结构可以折叠成片，便于运输与存放，如纸板类结构以及其他软制品结构等。根据包装的形状又分为方形、圆形、三角形、多边形以及其他异形等。而固定式结构外形是固定的，结实坚固，但无法折叠。

（一）陶瓷产品包装纸盒的造型设计

纸盒是一种立体造型，它的制作是一个通过若干个组成面的移动、堆积、折叠、包围形成多面形体的过程。众所周知，立体构成中的面在空间中起分割空间的作用，对不同部位的面加以切割、旋转、折叠所得到的面就会有不同的情感体现：如平面有平整、光滑、简洁之感；曲面有柔软、温和、富有弹性之感。各种不同的面蕴含着不同的情绪：圆的单纯、丰满；方的严格、庄重……这些都是我们在研究陶瓷产品纸盒的形体结构时所必须要考虑的。

在立体构成的练习中，多面体的研究就是为了寻找多面形体的面与面之间的变化规律，探索形体的面的变化、材料强度等关系。而运用于陶瓷产品包装纸盒设计中就要考虑到将来要盛、放的各种功能，比如：面的接合在纸盒造型中通常以点接、线接、面接三种方式出现在盒盖、盒身和盒底结构之中。以盒底为例：盒底部分是承受重量，抗压力、震动、跌落等因素中影响最大的部分，较适宜于面接，利用各面的插结和锁扣等方法，使盒底牢固地封口、成型。

依托厚薄不等的纸或纸制板材进行包装造型的纸质类包装结构，其结构形式大体可以分为一重式、二重式、二重折叠式、裱贴式和手提套装式等五种形式。

一重式是指用一张纸或纸板折叠成型的结构形式，它具有强度高的特点，并且可以节省材料，工艺制作上也较为简单，适合于小件陶瓷包装。

二重式是指有两个纸制结构组合而成的包装形式，如抽屉式包装。它的工艺较一重式结构略微复杂，其包装更为灵便、坚挺。

二重折叠式是在盒形较大时采用的形式。它通过多次的折叠，形成了多层的结构样式，也使包装的形体更加牢固，但制作工艺相对来说也更为复杂。

裱贴式包装是指在合成纸板构成的形制上，装裱彩色印刷品或其他材料的包装形式。这种形式可以做出任意的形状，在内部可以用专用纸或织锦做内裱衬，但制作工序多，成本也相对高。

手提套装式包装是结合了手提袋的形式，在包装上加上了手提的形式，可以方便消费者的携带，常常用作陶瓷产品的外包装。

（二）陶瓷产品包装结构造型的形式美

陶瓷产品包装造型不但要具备商品所需的保护功能、使用功能、销售功能，还要符合制造的工艺技术和手段。那怎样才能使陶瓷产品包装造型设计得更美？怎样让消费者在使用商品的同时也体验到精神上的愉悦？怎样的造型形式才更能刺激消费者的购买欲？这些都需要设计师在进行陶瓷包装设计时主动融入形式美法则。

1. 变化与统一美

在造型艺术中只有统一没有变化会显得呆板，有了变化造型才富有生命力和感染力；相反，变化多但不统一就显得杂乱无章，有统一，造型才会和谐，富有整体美。因此容器造型的变化与统一美应该是在统一中寻变化，变化中求统一。

2. 重复与呼应美

造型艺术中的重复美是指将同一造型形态连续、有规律地重复运用、反复出现，运用时应保持形状、色彩、肌理等元素的相同、重复的视觉效果使形象秩序化、整齐化，和谐而富有美感。如系列化陶瓷产品包装设计，有些是利用线型重复造型，有些是采用造型完全重复构成系列，有些是装饰重复或材质相同等。运用这些重复因素的协调关系进行系列化设计会使设计呈现出统一的、富有节奏感的视觉效果。

3. 节奏与韵律美

节奏与韵律是重在表现动态感觉的一种造型方法，主要贯穿于反复之中，无论形态、色彩、线条都可以在反复中显现出韵律美的特征。节奏与韵律的法则与音乐的美学原理有共同之处。音乐的原理是通过听觉随着音乐主题及曲调节拍感觉音乐形式，而设计的节奏、

韵律则是通过视知觉体会视觉元素的美感形式。它是一种有合理性、次序感、规律性变化的形式美感。

4. 对称与平衡美

对称分为相对对称和绝对对称两种，一般表现以左右或上下对称的形式。相对对称是在对称形式内在框架下呈现中轴线左右的对称，其量度和形状并非绝对相同，而绝对对称则是以同样的形态、量度或色彩出现于中心线的两侧。对称形态具有庄重、大方、稳定之美感。平衡是在视觉心理方面所体现的形式，它具有两种形式，一种是静的平衡。静的平衡是等量不等形，具有静中有动的美感。另一种是动的平衡，具有的是活泼、多变，在这种多姿多彩不对称造型中求得平衡之美。

二、陶瓷产品包装的缓冲保护设计

产品包装结构的缓冲保护设计是陶瓷产品包装设计安全的基础。但目前诸多的陶瓷产品包装设计多注重包装的装潢部分，对于结构的设计与改进并没有投入较多精力。包装装潢设计体现的是其艺术性，而缓冲结构设计则侧重体现其科学性，因此，对于陶瓷产品包装结构的设计，更应注重用严谨的态度设计科学合理的包装缓冲结构。陶瓷产品缓冲包装结构设计是基于外包装未能充分满足产品保护性能需求的前提下所进行的进一步的设计。由于陶瓷产品脆性大，在运输过程中极易受到冲击碰撞从而发生损坏，因此其产品包装缓冲结构的设计极为重要。完善陶瓷产品包装结构设计，降低产品破损率，使陶瓷产品安全、完好无损地到达消费者手中，已成为陶瓷产品包装设计的重要课题之一。

（一）陶瓷产品的脆值

陶瓷产品容易损坏，这与其在运输过程中的复杂环境息息相关，研究陶瓷产品的缓冲包装，就是要解决产品在储运过程中遭受静压、振动和冲击的力学问题，防止被包装物因遭受外力而产生破损。而其中，产品的脆值是缓冲包装结构设计的重要参考元素。

脆值是产品经受振动和冲击时用以表示其强度的定量指标，又称为产品的易损度。它表示产品对外力的承受能力，一般用重力加速的倍数 G 来表示，G 值愈大，表示产品对外力的承受能力愈强，在设计缓冲包装时可以选择刚度大的材料；反之，则需慎重选择缓冲材料。由于各陶瓷产品产区、制作方法、流通环境等的不同，其脆值也不尽相同，所以在设计缓冲包装之前，可以通过实验法或经验估算法来测定产品的脆值，以确定缓冲包装的材料选择和结构设计。

（二）缓冲包装的力学特征

产品包装件在流通过程中受到的外力主要是振动和冲击，而产品缓冲包装件的两大力学特性即振动特性和受冲击特性。缓冲包装的设计也正是为了解决包装件因受振动和冲击而引发的问题。而现实生活中，因缓冲包装设计的不完善所导致的产品受损现象还较多。据统计分析，引起缓冲包装件损坏的主要因素如下：

1. 流通过程中装卸、运输等环节引起

装卸可分为人工和机械化装卸两类，其中，人工装卸的不确定性（尤其是野蛮装卸）对包装件危害极大；运输过程中因受运输工具和路面质量等因素的制约，其影响各不相同。

2. 包装内装物特性

如陶瓷产品属易破碎物品，更易破损。

3. 包装设计不够完善

由于产品类别的不同、流通环境的复杂性等，各产品包装设计存在的或多或少的问题，都会影响包装件的完整性。

由以上所列原因可知，合理的缓冲包装结构设计才是解决包装件受损问题的关键所在。而在产品的生产和销售过程中，各企业也越来越认识到对产品包装件进行合理的缓冲包装设计的重要性。

（三）缓冲包装材料

缓冲包装材料，是为防止产品受损坏而使用的保护材料。缓冲包装材料可分不定型的和定型两种，不定型材料如玻璃纸丝、木屑、稻草等，但由于缓冲性能不稳定，已逐渐被淘汰；定型材料如纸浆模塑、瓦楞纸板、塑料泡沫以及气垫薄膜等各种人工合成材料。缓冲包装结构中最常见的是用弹性材料作缓冲衬垫（如图 3-1 所示）。缓冲衬垫的作用是吸收冲击能量，延长内装物承受冲击的时间。缓冲衬垫的结构形式因内装物的质量、形状和尺寸不同而不同。按承载面积，通常可分为全面缓冲和局部缓冲两种基本形式。

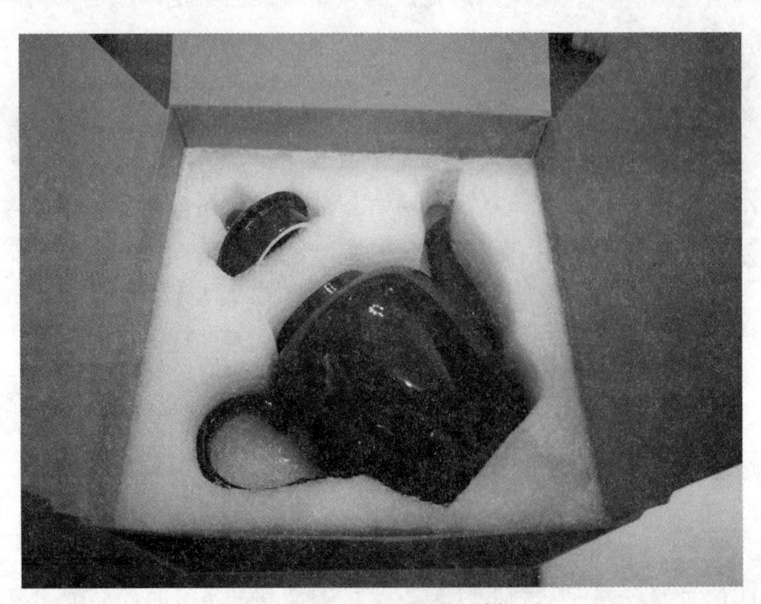

图 3-1　陶瓷缓冲材料

基于环保考虑，我们认为，纸浆模塑是陶瓷产品缓冲包装的选择之一，因陶瓷类产品对缓冲防震性能要求不如电子、电器类产品那么高，纸浆模塑制品具有良好的缓冲防震性，且有一定的强度和刚度，能够满足陶瓷类产品的要求。选用纸浆模塑制品作为陶瓷产品缓

冲包装材料是基于它的以下特点：原料来源丰富，成本低；可通过模具制造出不同规格的制品，可以适应各种陶瓷产品的形状需求，便于隔离定位；具有适宜的强度和刚度；具有良好的保护性和缓冲性，能达到缓冲防震的需求；对环境无污染；可回收利用等。用纸浆模塑制品代替泡沫塑料作为陶瓷产品的缓冲包装，达到了绿色包装的要求，也为陶瓷产品的出口扫清了障碍，是一种较为理想的包装设计形式。当然，在陶瓷产品包装设计改革的实践中，缓冲材料的选择是多种多样的，作为实验性的陶瓷产品包装设计改革，其缓冲材料的选择也可多做尝试。

（四）设计原则

缓冲包装结构设计，从消费者角度来说，最主要的作用是保护产品功能性安全及外观安全；从产品生产厂家角度来说，是在保护产品安全的基础上，最大限度地降低成本；从包装厂家角度来说，是保护产品安全，最大限度为客户降低包装成本，并尽力提高自己的销售利润；从环境保护角度来说，是尽可能使用环保材料，在满足保护功能的基础上，减少材料的用量，降低对环境的影响。因此，缓冲结构的设计要从保护产品、使用材料、方便加工及低碳环保等四个因素进行综合考虑，以保证包装的物理功能、环境保护和经济效益三者达到最佳契合点，并通过这种最佳契合刺激并唤醒消费者的环保意识，使其自主选择绿色生活方式，自动进行友善的环境行为，以降低包装废弃率或提高回收利用率。

为保护产品的完整性和有效价值，陶瓷产品缓冲包装结构设计需达到以下要求：被包装产品要固定牢靠，不能活动，对其突出而又易损部位要加以支撑（如图 3-2 所示）；对多件产品应进行有效隔离；根据陶瓷产品的大小、形状、重量、价值等选择合适的缓冲包装材料；包装结构应趋于简单，便于开启和取出产品；应对各种环境因素进行综合考虑等。另外，在陶瓷产品包装结构的设计上，除考虑其保护功能之外，深入挖掘包装结构的其他功能，使包装结构设计以低损耗、低污染，并且具备多重功能为原则进行设计创新，以满足消费者对于一物多用的需求。

图 3-2　陶瓷产品包装的固定结构

1. 安全性

它在诸多原则中排列第一位，是产品成功到达消费者手中的第一原则。陶瓷产品纸包装结构设计除了要符合相关法规，还需要充分考虑包装内衬结构，合理安排陶瓷产品摆放，并保证包装外部的保护性。

2. 便利性

主要内容涉及方便装填、方便取出、方便搬运、方便装卸、方便堆码、方便展示、方便销售、方便携带、方便开启、方便使用和方便回收等。通常方便性包装需要增加成本，但陶瓷产品包装的结构可以通过设计人员的设计，在模切板上增加相关的工作线，不仅可以到达出人意料的效果，而且能节约成本。

3. 科学性

包装结构的科学性首先是要保证使用功能，要能够合理地盛装、保护和运输产品；其次是运用正确合理的设计方法，选择合适的包装材料与加工工艺，使设计标准化、系列化和通用化，符合有关法规，使陶瓷产品纸包装适应批量机械化自动生产的需要。尽量采用“一纸成形”的包装结构设计（如图 3-3 所示），并适合自动化生产，而且尽可能减少结构展开图之间的缝隙而造成的材料浪费。

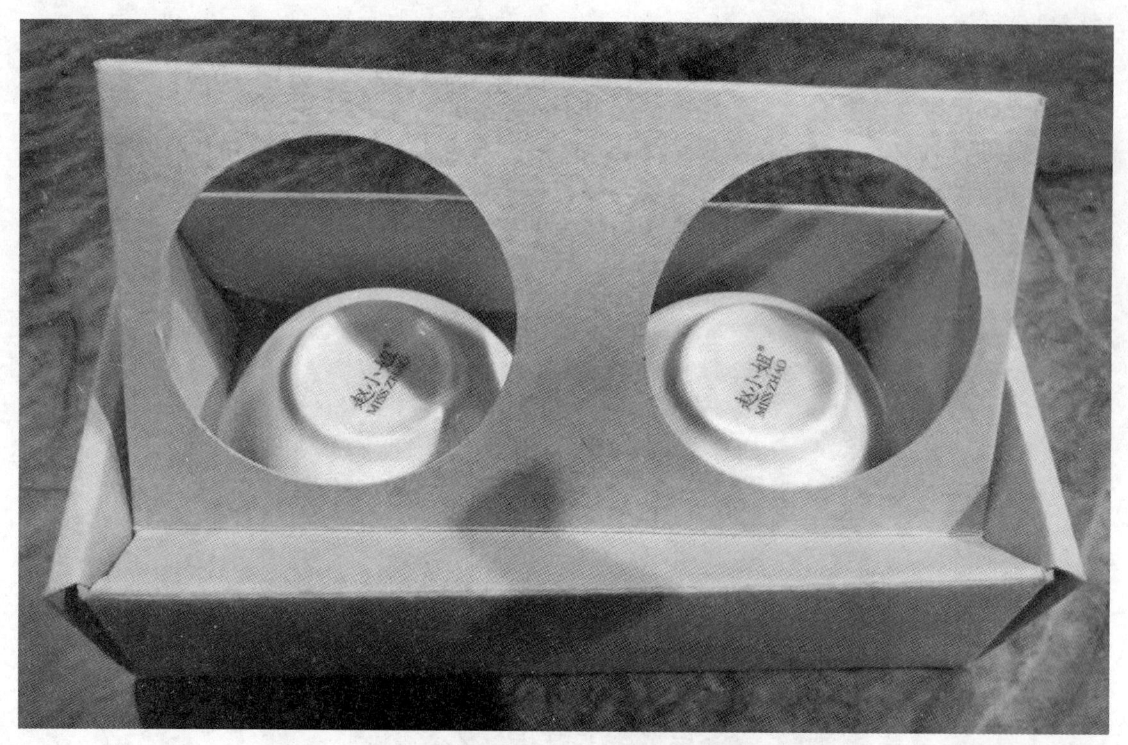

图 3–3　陶瓷产品包装一纸成型设计

4. 美观性

包装的美观性依赖包装材料选择和结构设计的科学性。包装设计人员可通过设计巧妙、特殊造型的纸包装结构，来凸显陶瓷产品包装的特征与独特个性，吸引消费者。

5. 低碳性

绿色包装设计已成为大势所趋，陶瓷产品包装一定要坚持环保原则，力作绿色包装设计。

三、设计策略

陶瓷产品包装的缓冲结构设计首先要满足对陶瓷产品的保护功能，由于陶瓷产品易碎的物理属性，其包装缓冲结构除材料能起到一定的保护作用外，其结构设计的合理性是决定陶瓷产品破损率的关键，而合理的结构需要进行相关的数据分析，根据陶瓷产品的脆值、形状、质量等因素，科学计算出产品能够承受的最大冲击力，并由此得出其包装需要提供的抗挤压和防冲击的数值，并依据所选材料的特性，以科学的计算和反复的设计实验进行相关的结构设计。但对于外包装未能达到充分保护被包装物的目的的包装形式，就需要通过增加内部缓冲包装结构来加强并实现包装的整体保护性能。

为保护被包装物，在进行结构设计时会刻意在被包装物所占空间的外围预留一定的空间，以减缓来自包装外界的冲击，这种非被包装实体所占的空间与包装容积之间的比例就是包装容积率。许多陶瓷产品企业由于对缓冲结构相关数值计算的缺失，缺乏科学合理的结构设计，为达到对被包装产品的保护功能，其缓冲结构尽可能多地加厚、加大包装材料，造成材料的浪费。陶瓷产品包装设计需要通过科学合理的计算，优化精简结构，将包装容积率降至最低，减少不必要的浪费。材料的节省，对于企业来说是降低成本，对于消费者来说是减少不必要的额外消费，对于环境和社会来说是满足绿色生活方式的要求。

包装结构与包装材料的完美结合，形成优秀的包装结构设计。陶瓷产品纸包装结构的形态设计要崇尚新奇，这将会在展示环境中对购买者的视觉引导发挥举足轻重的作用，从而引起他们的兴趣和购买欲望。在实际设计中，可以按照以下方法对基本盒型进行单独的或组合的设计，由此衍生出多种造型丰富的包装盒型。

1. 改变纸盒结构的基本几何形态

常用的纸盒多为六面体的基本形态，设计时可以运用拟生态形以及加形、减形等设计方法创造出造型新颖的陶瓷产品包装纸盒。此外，也可充分发挥想象力，通过折叠、穿插、粘贴、挤压、弯曲、切割、连接等各种手法对基本盒型进行“破坏性”解构与重组，设计出具有良好视觉效果的其他异形盒。

2. 对纸盒盒体的局部进行变化

通过对纸盒体板上折线的曲直压痕设计，使纸盒盒体呈现出多面或曲面的变化效果。也可根据需要在盒盖或提手处延伸出具有装饰性的结构形态，形成视觉亮点。

3. 在包装盒体的基础上进行开窗设计

通过在不改变陶瓷产品纸包装盒体的基础上进行开窗，不仅可以让消费者直观地看到商品，产生信赖感，同时在“窗”的造型上稍做处理就可达到新颖的视觉效果。从图形表现形式来看，“窗”可以是抽象的几何形，也可以是具象的自然形或人造形等；从图形的分类来看，“窗”可以是产品形象、企业标志、吉祥物等具有品牌识别性的图形以宣传企业文化，也可以是具有代表性的建筑、民间艺术、生活用品等图形，以突出产品地域特色与民族特色。

4. 设计连体包装盒型或者具有规律性外形的分体式盒型

将陶瓷产品纸包装结构设计成两个或两个以上的底边连接的连体包装盒型，或者具有规律性外形的分体式纸包装盒型，如：设计四个半圆形的纸盒，组合在一起形成一个完整的圆形。这种底边连接的连体包装盒型或具有规律性外形的分体式纸包装盒型在表现产品包装系列化方面具有明显的优势。

第四章　陶瓷产品包装的视觉化表达

一、符号化的文字设计

文字是人类信息交流的重要途径。作为一种记录语言和传达语意的符号形式，它在陶瓷产品包装设计中具有内容识别与形态识别的双重功能。一方面，人们只有通过产品包装上的文字，才能清晰地认识与了解产品的许多信息内容，如商品名称、标志名称、容量、批号、使用说明、生产日期等；同时，经过设计的文字形态，也能以图形符号的形式给人留下深刻的印象。现在，文字在视觉传达设计中已能起到融会启迪性与审美性的作用。经过精心设计的文字完全可以提升整个产品包装的设计效果。可以说，文字是包装设计的灵魂。

在陶瓷产品包装设计中，文字是产品信息最全面、最明确、最直接的传达方式，必须使用销售对象的共同语言，以期达到共同交流的目的。为了保护商品以及消费者的权益，世界上许多国家的包装法规均注重在设计中规范文字的使用，以确保消费者能够准确地识别和理解。从各国的包装法规来看，任何一种商品的包装必须首先要用自己本国的文字，其次才可用其他国家的文字来传达商品的信息。

（一）陶瓷产品包装设计字体

在大多数包装设计中，更多的是一些说明性或解释性的文字，我们习惯称之为“展示字体”。关于字体选择最需要考虑的因素是产品的属性及其所面向的目标市场，这些因素必须转化成适当的字体语言。在陶瓷产品包装上使用何种字体需要考虑以下几个方面的因素：第一，与产品保持一致；第二，所需的字体大小以及翻译成其他语言的情况；第三，印刷用的承载物；第四，印刷工艺；第五，色彩以及行间距等。

陶瓷产品包装设计字体主要分为中文与英文，也就是我们常说的汉字与拉丁文字。而最为常用的字体是印刷体、手写体、美术变体三类形式。

印刷体，即用于印刷的字体，它是经过预先设计定形并且可以直接使用的字体。从整体上来说它是应用最为广泛的字体，因此，清晰规整是它的主要特点。具有美观大方、便于阅读和识别的特点和优势。汉字印刷体主要包括黑体、宋体、仿宋体、楷体、圆体等；拉丁字包括罗马体、格特体、意大利斜体、草书体等，其中每一类都包含着多种变化形式，可以派生出许多新的字体。

第一，老宋体：横细竖粗，笔画严谨，带有装饰性的点线，字形方正典雅，严肃大方，间隔匀称，其书体挺拔，富有骨气，结构平正、秀美、古朴典雅，是最具易读性的字体。

第二，仿宋体：笔画粗细一致，讲究顿笔，挺拔秀丽。

第三，正楷体：接近于手写体，较丰满。

第四，黑体：笔画单纯，浑厚有力，朴素、醒目、大方，无多余的装饰，具有强烈的视觉冲击力，内外空间紧凑，有力量感和重量感。

手写体主要指书法体，是一种借鉴中国书法艺术，经过精心设计处理的字体。书法体具有灵活、多变的特点，本身具有一定文化寓意和精神意念，代表不同时期的历史文化背景与设计风格特征，也具有极强的民族文化感和浓厚的民族韵味，因此多用于传统商品和具有民族特色的商品包装中。手写体一般分为“真、草、隶、篆”四体，或者“真、草、隶、篆、行”五体。汉字中不同的字体具有不同的表征，凡在商品包装视觉设计中使用大篆、小篆、楷书、魏书、行草书，一定会富有强烈的民族气息，能更好地体现商品的传统价值。中国传统的老字号产品，在包装上多用书法体。在日本的包装设计中，书法体也是一种非常普遍的表现手法。

另外，POP 字体也是手写体的一种表现形式，它具有随意、活泼、趣味性的特点。美术变体字是以美术字为原形，经过外形、笔画、结构、象形等的变化，形成的丰富多彩的字体形象，它也是产品标志常用的表现方法。

（二）陶瓷产品包装设计文字内容

陶瓷产品包装文字主要包括品牌形象文字、资料文字和广告文字三大类。品牌形象文字，一般包括品牌、品名、企业标识与生产者信息等，它反映了产品的基本内容，是包装设计中主要的字体表现要素，无论是面积、色彩等都应占有突出的地位，因此常常安排在主要的结构面上（如图 4-1 所示）。资料文字主要包括产品型号、规格、体积、容量、成分以及使用方法、用途、期效等说明性的信息内容，一般出现于包装的侧面、背面等次要位置，也可以另设计单页附于包装内，要求内容清晰、可读性强。广告文字主要是指用来宣传产品主要特点的推销性文字，即广告语。它一般较为灵活、生动，通常是一个词或一句话，能起到诱导消费者的作用。但是其视觉性不应过于夸大，以免喧宾夺主。文字大体上讲有书法、刻画、印刷等三种制作方式。随着现代计算机技术的发展，又给文字书写增添了新的形式，如喷墨打印、激光打印等，不同的制作方式影响着文字字形的变化。文字的书写由最初的图画线条刻画，到毛笔书写，再到刻版印刷制作方式的出现，最后到印刷字体的普及。

图 4-1　陶瓷产品包装设计文字内容

（三）陶瓷产品文字设计的编排形式

陶瓷产品包装设计中的文字编排设计主要考虑可读性与图形化两个方面的因素。可读性是强调包装文字的主要功能即告知功能(如图 4-2 所示),它使消费者能清晰地认知产品；而图形化则是强调文字非阅读性的装饰功能，它重在文字的造型设计。

图 4-2　陶瓷产品文字设计的编排形式

首先，作为产品的宣传性与引导性的文字设计，应首先具有良好的识别性。在文字的编排时，应首先考虑字体、大小写与文字的粗细。进行字体选择时需要对产品历史、品类、特性有充分的了解。字体的选择没有对错之分，但是，设计的成败很大程度上取决于字体的选择和运用。在设计当中学会自问：选择这样的字体是否能表达它自己？它是平稳、优雅、活泼，还是刺激？它能否与其他文字和图形相协调？它是否容易辨认？当字体得以确定后，就需要考虑文字的大小写。字体的大小写具有不同的形象特征，大写比较有力、严肃，小写则比较随和、轻松。在设计时要看一下字体大小写在版式中的不同效果。文字的粗细能够影响到视觉的冲击力，选择哪一种线条粗细的文字最能表达想要表现的内容呢？它与其他文字的关系怎样呢？是追求对比呢，还是体现和谐呢？这都需要不断地比较、实验。另外，字号、字距与行距等关系的选择与处理，也是包装设计的基础。我们不仅要考虑字体风格与商品内容在性格与象征意义上的一致，而且还要考虑字与字、行与行，以及字体疏密、笔画粗细、面积大小、方向位置等关系。

一般来讲，在陶瓷产品包装版面中，根据内容物属性选择两到三种字体为最佳视觉效果，这样可以防止包装版面出现凌乱，在两到三种字体中进行拉伸、变形便可以取得较好的效果。字号表示字体的大小，在计算机中，字体的大小通常采用号数制、点数制和级数的计算方法。其中，点数制是世界通用的计算字体大小的标准制度。“点”通常称为磅（P），每一点等于 0.35 mm。在现代陶瓷产品设计中为了取得更加清秀、高雅、现代的视觉效果，文字字体有越来越小的趋势，但要考虑文字的阅读性。字距与行距的选择没有绝对的标准，以往的版面字体一般是 8：10，即字距是 8 点，行距是 10 点。现在，为了追求设计的特殊效果，字距与行距应用，疏松的字距排列可以使版面轻松、自由，而紧凑甚至是没有缝隙的字体排列，则使版面形成特殊的视觉效果。

其次，文字也可以进行图形化处理。陶瓷产品包装设计中的文字图形化主要是指将文字作为图形的一部分，使其成为图形文字。图形文字的特点在于界于文字的可读性与非可读性之间，既是文字，又区别于一般的文字。它是根据文字的字义进行的设计，但它的表现又与字义无关。它不强调文字的可读性，而是利用文字本身的造型变化，来突出文字图形的魅力。

文字编排没有固定的模式，一般常用的类型有横式、竖式、斜式、圆形、阶梯、重复等形式，这些编排类型可以相互结合，也可以派生出其他的设计构成形式，但前提是必须以产品为中心。在现有字体的基础上，陶瓷产品包装的文字设计有必要进行变革和创新，才能创造出具有独特的视觉形式和象征性艺术特点的字体。汉字高度的符号性特征完全符合现代设计造型的思路，应该在现代包装设计中加以广泛的应用和发展。

二、创意化的图形设计

图形作为一种交流信息的媒介有很强的功能性，首先它是为了传播某种概念、思想或观念，其次它要借助一定的媒介，通过大量复制、广泛传播从而达到最终的设计目的。包装设计的图形是产品信息最直观的表达，也是市场销售策略的充分表现，它应当体现商品主题，塑造商品形象。对于包装中的图形创意而言，丰富的内涵和设计意境对于简洁的图形设计来说显得尤为重要和难得。在现代包装设计中，图形不仅要具有相对完整的视觉语意和思想内涵，还要根据形式美的要求，结合构成、图案、绘画、摄影等相关手法，通过电脑图形图像软件的处理使其符号化，在诸多的要素中凸显其独特的作用，并能够使读者从中获得美的享受（如图 4-3 所示）。

图 4-3　创意化的图形设计

在陶瓷产品包装设计当中，要根据陶瓷产品的特性，结合陶瓷产品包装改革设计定位，选择恰当的图形表现手法，采用多元、多向、多角度的思维模式对主要展销面上的图形进行精心的设计，形成新颖独特并具有亲和力的图形形象。

（一）陶瓷产品包装图形设计的原则

追求个性张扬和风格化的现代商品市场中，包装不是以呐喊的方式，而是以展示吸引的互动方式让消费者产生兴趣和购买欲望。包装设计的图形与文字相互配置，是非常重要的形象体现方式。在陶瓷产品包装设计当中，图形为实现主题服务，为塑造商品形象服务。图形在包装设计中具有迅速、直观、表现力丰富、感染力强等显著优点，从内容上可以分为产品的形象、标志形象、消费者形象、借喻形象、字体变化形象、辅助装饰形象等。

在具体的图形设计中，要根据具体产品特性，正确划分目标消费群、了解消费者的价值观和审美观等，采用多向、多元、多角度的思维模式对包装的主要展销面上的图形进行精心的设计，形成新颖独特并具有亲和力的图形形象。其基本设计原则如下。

1. 准确传达信息

图形是一种有助于视觉传播的简单而单纯的语言，人们对其传达的信息的信任度超过了纯粹的语言。就图形表现方法而言，无论是直接表现还是间接表现，具象表现还是抽象表现，都要力求准确地传达信息。

2. 鲜明的视觉个性

包装设计必须要有新颖独特的视觉效果，要具备独属自己的设计风格特征。图形样式要求简洁生动、与众不同。具体来说，要跳出固有的设计模式，以全新的理念进行创新设计。

3. 恰当的图形语言

图形语言的运用具有一定的局限性和地域性，不同国家、地区、民族的风俗不同，在图形运用上也会有些忌讳。

4. 目标吸引性

在包装图形设计中，要利用各种创意和手段，使包装形象能迅速地渗入消费者潜意识，促使人们不知不觉中产生兴趣、欲望，进而做出决策及购买。图形在包装视觉传达中，主要利用错视、图与背景处理来实现。错视是利用图形构成变化引起观者产生情绪心理活动，如：图形“圆”点，放在上方，力量提升；放在下方，重心下降，有稳重感；把点分放在画面两边，则加大了动感等。这种错视效果，能够使图形在包装设计中产生视觉假象，顺应消费者的视觉感受。

5. 具备健康的审美情境

现代商品包装不仅仅是一种商业媒介，更是一种文化产品，它代表着一定时期的审美与文化特征。因此，色情、迷信、暴力等内容是不适合用于包装设计中的。

（二）陶瓷产品包装图形设计的表现形式

包装设计师必须知道如何创造出属于商品本身的形象，他可以使用现有的图像，并且要了解如何在具象图形和抽象图形之间做出选择。

1. 具象图形

在设计项目的概念初始化阶段，包装设计师可以通过直观的草图或撕下来的资料表达自己的想法。尽管它可能不太精确，不过足以传达设计理念。另外，图片库里还有众多可以在线获取的图片，要注意的是：使用图片库的资源要谨慎，因为他们的营业收入来源于出售图片。在将图片用于最终的设计之前，必须查看它需要的具体费用。

在众多的图形形式中，具象图形以它特有的表现优势，在现代陶瓷产品包装设计中准确有效地传播信息，同时具有极高的艺术审美价值。具象图形主要通过摄影、插画、绘画等方式来完成对产品客观形象的表现，其获取方式主要有以下三种。

（1）摄影。

摄影是现代包装设计图形应用最普遍的一种形式，它逼真、可信、感染力强，尤其适用于最需要直接用形态、色彩等真实形象来展示的商品。相比其他图形表现，它的优势在于能清晰地还原商品的外貌特征，对消费者心理产生强烈的诱导性，激发消费者的联想，感染消费者，并激发消费者的购买欲。

（2）插画。

插画是由传统写实绘画逐步向夸张、变形等抽象方向发展，强调意念与个性的表达，通过各种表现方式强化商品对象的特征与主题。现代产品包装插画主要通过喷绘法、素描法、水彩画法、马克笔画法、版画法等手法实现，表现不同的视觉效果。随着现代科技的进步出现了 Illustrator、Painter 等绘画软件，为产品包装插画的创作提供了新的天地和新的图形语言，增强了插图的表现力和感染力。

（3）传统素材。

在包装设计图形处理时，除了采用摄影和创作插画之外，许多特定的产品包装还借用传统素材进行创作。主要有水墨画构成法、书法图形化、中国画素材新构成、民间艺术题材新设计等。

2. 抽象图形

抽象图形是利用造型的基本元素——点、线、面，经理性规划或自由构成设计得到的非具象图形。有些抽象图形是由实物提炼、抽象而来的。其表现手法自由、形式多样、时代感强，给消费者提供了更多的联想空间。

富于现代美、形式感强的抽象图形包装容易为人们所接受，设计者为追求包装的视觉效果差异和现代美感，往往采用抽象设计。通过现代技术手段所产生或呈现的种种特异的规则和不规则的几何纹样画面的特殊效果，具有非同寻常的几何形态感、不规则色块感、特殊立体感、深远感等。采用这种抽象语言，以某种似是而非的视觉效果，能够创造出特殊的包装视觉形态，成功地表达商品的内在意义。

3. 装饰图形

装饰图形是介于具象与抽象图形之间的图形，它是对自然形态或对象进行主观性的概括描绘，它强调平面化、装饰性，拥有比具象图形更简洁、比抽象图形更明晰的物象特征。它通过归纳、简化、夸张，并运用重复、对比、图底反转等造型规律创造极具个性的图形，

具有很强的韵律感。对于装饰图形在包装设计中的运用，应根据产品的属性和特点选用适当的素材，按照一定的图案造型规律进行图形设计，突出产品的形象特征。

在运用装饰图形时，一定要注意与现代设计观念的结合，应该从传统纹样中提取精华，形成新的民族图形，使其成为现代包装图形设计的新元素，使设计作品得到进一步的升华。值得注意的是：在运用这些装饰图形时，应选用与商品内容相符的图形，以便加强图形的诉说和传达能力。

总之，作为陶瓷产品包装设计中的重要元素，无论采用哪一种图形媒介，都必须能有效地吸引人们的注意力，使人产生一种阅读欲望，并且能以人们喜爱的方式传达一种信息。俗话说，只要对“味”，就能吸引消费者。

（三）商品包装条形码

所谓条形码，即一组宽度不同的平行线，按特定格式组合起来的特殊符号。它可以代表任何文字数字信息，是一种为产、供、销等环节所提供的信息语言，为行业间的管理、销售以及计算机应用提供了快速识别系统。条形码作为一种可印制的计算机语言，它是商品进入国际市场的身份证。世界各国间的贸易，都要求对方必须在产品的包装上使用条形码标志。

条形码一般由 13 位数字条形码组成，第一位到第三位数为国别代码，第四到第七位数为制造厂商代码，第八到第十二位数为商品代码，第十三位是校验码。它由四部分信息标识组成，即条形码管理机构的信息标识、企业的信息标识、商品的信息标识和条形码检验标识。在包装上印刷条形码，已成为产品进入国内外超级市场和其他采用自动扫描系统商店的必备条件。为进一步推动我国产品的出口，提高市场占有率，积极采用条形码技术已成必然趋势。另外，值得注意的是：条形码是一种特殊的图形，它必须符合光电扫描的光学特性，其反射率差值要符合规定的要求，即可识性、可读性强。其颜色反差要大，通常采用浅色做空的颜色，采用深色做条的颜色，最好的颜色搭配是黑条白空。其中，红色、金色、浅黄色不宜做条的颜色，透明、金色不能做空的颜色。商品条形码的标准尺寸是 37.29 mm × 26.26 mm，放大倍率是 0.8 ~ 2.0。印刷条件允许时，应选择 1.0 倍率以上的条形码，以满足识读要求。

三、突出的色彩设计

色彩的多元性及时空性与人们的生活习惯、地域特征、宗教信仰以及审美的社会认同等条件元素相一致，这些条件元素之间是互动的，包装色彩设计正是在这些互动的条件元素下运用色彩，并提供丰富的视觉语言。色彩所形成的视觉印象比形状与文字更容易被人接受，对于产品包装设计所起的作用是举足轻重的。因为某种特定的颜色会引起人们的内在情感反应，所以在设计实践中，色彩的和谐与非和谐都应是设计者所追求的：和谐的色彩偏古典情趣，内蕴优雅；视觉反差大的色彩倾向于现代感，给人强烈的视觉冲击。这种运用色彩的统一与对比而达到传达信息的方法亦可在包装装潢设计中学习和借鉴。

在陶瓷产品包装装潢设计中，色彩不仅关系到商品的陈列效果，而且还直接影响着消费者的情绪。因为任何色相的纯度或明度发生变化或者所处的环境不同，其表情都会随之改变，因此在陶瓷产品包装装潢设计中对色彩的处理不仅要充分考虑其色彩的情感性、象征性、地域性和易见性，还要考虑该色相的纯度、明度以及与不同的颜色进行搭配等。值得注意的是，在改变传统审美的社会认同色彩的同时，还应紧紧抓住陶瓷产品原有的本质特征，并结合图形与文字等视觉符号准确反映陶瓷产品的信息，这是陶瓷产品包装设计在平面视觉上取胜的关键所在。

色彩对于陶瓷产品包装设计有着举足轻重的作用。事实上，色彩比形状更容易被人接受，心理学研究也表明，人在观察物体时，色彩在人的视觉印象中占了最初感觉的 80% 左右。在五彩斑斓的商业包装上，色彩不仅关系到商品的陈列效果，而且还直接影响着我们的情绪。因此，在陶瓷产品包装设计中对色彩的处理是一个非常重要的环节。汉斯·霍夫曼说过："色彩作为一种独特的语言，本身就是一种强烈的表现力量。"它不仅是绘画最具有表现力的要素之一，也是最能引起人们审美愉快的形式要素。有人说，色彩是跳动的音符。的确，色彩与音乐在相同的表现性质上存在着知觉上的对应，两者有着许多共同的形式因素。在包装行业中，色彩常用来表现产品的类别、文化内涵和情感传达。在具体的设计过程中，需要注意的是人们"阅读"色彩的速度要远快于文字，某种特定的颜色会引起人的内在情感反映，设计师的责任正是去平衡这些经常与设计参数相矛盾的色彩信息。

（一）陶瓷产品包装色彩的功能

1. 美化功能

包装色彩的运用是同整个画面设计的构思、构图紧密联系的。优美得体的色彩，能更好地宣传产品，陶冶消费者的心灵，这正是色彩的力量体现。包装的色彩要求平面化、匀整化，要求在一般视觉色彩的基础上，发挥更大的想象。它以人与人之间的联系和对色彩的习惯为依据，进行高度的夸张和变色，是包装艺术的一种特长，同时包装设计的色彩，还受到工艺、材料、用途、销售地等的制约。

2. 识别功能

在自助式的零售区域，色彩最重要的功能是为产品分类，以及区分不同的产品。在大多数情况下，色彩被用作产品分类的代码，对品牌进行分类，是一种将色彩作为消费者识别商品的方式的行之有效的方法。对任何一个包装项目，设计师都必须熟悉该市场及其色彩习惯，查看销售点的状况、分析色彩的使用是非常必要的。

3. 促销功能

色彩能够把商品的相关信息真切、自然地表现出来，以增强消费者对产品的了解和信任，引导消费者进入陶瓷产品包装设计的特殊语境之中，使观者对产品留下深刻的记忆，引起共鸣，促使消费者辨认购买。值得一提的是，把色彩作为传达企业意识的一种工具，对企业的经营理念和企业文化进行广泛宣传，能有效地树立产品和企业的威望，吸引潜在的消费者。

（二）陶瓷产品包装色彩的特征

1. 情感性

我们对特定颜色的反应常常是与生俱来的，而非理性的。包装的色彩设计要求能够体现出某些情感意义，以便在无意识的、直觉的层面上产生交流，而不止于有意识的、分析性的视觉层面。

2. 象征性

色彩具有象征性，它在包装设计中的任务是传达商品的特性。在包装的视觉传达设计当中，要通过鲜明的色彩来明确商品信息的传达和包装视觉审美传达的实现。在设计中，要讲究整体布局，通过色彩充分表达出产品属性，加强上市产品包装的色彩效应，吸引消费者的第一视线。

3. 民族性

色彩视觉引起的心理变化非常复杂，它根据时代、地域或个人心理等诸多方面的不同而有所区别，不同的民族和国家对色彩含义的理解是很不相同的。如：中国人对红色和黄色的推崇，使其成为中国传统包装的标志性色彩。

（三）陶瓷产品包装色彩的设计定位

合理的色彩计划和色彩搭配在包装中占有重要的地位，而如何搭配则依赖于设计师个人的文化和艺术修养。包装的色彩设计要求明快简洁，有吸引力和表达力，适应消费者心理和生理需求，并考虑经济成本和工艺条件的可实施性等。

四、合理化的版式设计

陶瓷产品包装设计的视觉传达语言主要通过视觉符号和编排形式来展现。把各种视觉符号加以整合，充分表达设计意图，是平面编排的任务所在。从严格意义上说，我们可以把包装设计看作一个“视觉场”，设计者必须有意识地将其中的视觉元素连结起来，并找出元素之间的关联原理，即设计的形式法则、结构系统等，并根据图形、文字、空间、比例等因素按照形式美法则，进行组织编排，使包装画面具有一定的视觉美感，同时体现文化内涵。

（一）陶瓷产品包装视觉要素的构成关系

1. 图形与图形

图形在设计中一定要准确传达设计意图，抓住商品主要特征，并注意关键部位的典型细节。在具体的包装面的图形处理上，要注意大、小面积图形的合理搭配和使用。大面积图形生动、真实，并具有向外的扩张性；小面积图形精致、细巧，具有内在的稳定性。大小面积图形的合理搭配使用，可以产生视觉内外的节奏变化和版式空间的深度变化。要注意的是：一定要明确版面的主题与从属、重点与一般的视觉信息传达。

2. 图形与文字

相对于图形而言，文字表现是静态的。在同一版面之中，图形、文字与空白这三者构成了富于形式变化和比例关系的版式。大面积的文字有利于提升信息的容载量，结合一定的空白表现，更利于理性诉求。在具体的包装设计中，图形与文字的关系应灵活多变，保持整体的活泼奔放，调整局部的刻板生硬。

3. 文字与文字

文字不但具有直接的信息传达功能，而且具有良好的装饰功能。包装主题的表现大多需要文字。包装设计中要处理好文字在整体设计中的位置、大小、比例以及文字本身的字体与色彩等。

4. 色块与色块

任何色块在包装设计构成中都不应该是独立出现的，它需要同上下、左右、前后诸方面的色块相互呼应，并以点、线、面的形式做出疏密、虚实、大小的丰富变化。具体的包装面色块设计应根据内容、图形、效果等区分色彩的主次关系，即主导色、衬托色和点缀色。

5. 各包装面之间

包装设计并不是单纯的画面装饰，它是包装各要素的系统安排和整体协调。各个包装面的处理应注意整体性、联系性、生动性等基本原则和方法。在处理过程中要有一种基本构成格局与构成基调，进而支配局部成分的具体处理。如：同一图形、同一色块在不同包装面连贯式的构成处理，可以形成较好的销售陈列效果，产生统一的形象感。

（二）陶瓷产品包装视觉设计编排

1. 视觉秩序设计

包装视觉秩序设计，是利用人的视觉焦距，按照视觉先后的习惯，有计划地安排包装设计各视觉元素的主次以及各包装面视觉焦点的顺序，使整个包装设计富于内在逻辑性，使各个元素之间构成一个和谐的整体。它主要涉及包装的视觉轻重节奏和视觉先后顺序两个方面的内容。这就要求设计师要正确处理好主题与陪衬、对称与平衡、对比与协调等的关系，做到既要突出主题，主次分明，又要层次丰富、条理清楚。

2. 设计编排基本方式

由于版面的构成样式在实际使用中五花八门、种类繁多，但通过归纳和概括，大致可以分为理性化类型、感性化类型和其他类型三种。在进行陶瓷产品包装的编排设计时，要根据其产品的属性选择合适的版面编排构成的式样类型，具体如下。

（1）理性化类型。

容易给人整齐、严谨、规整、秩序的印象，其最大的特点是网格和数学原理的运用，集中体现某种理性化、秩序化的感觉。常见的理性化类型版式设计包括标准型、坐标型、上下型、左右型、中轴型、倾斜型、三角形、骨骼型等，笔者认为，其中适合陶瓷产品包装的版式类型有上下型、中轴型和骨格型，其中上下型是将整个版面分成上下两部分，文字和选定图形分别安排其中的构成类型。文字则偏重理想而静止，而图形部分显得感性而

又有活力；中轴型是将文字和图形基本放于中轴线上，是一种理想的、严谨的对称式构成类型，具有良好的平衡感，水平排列的版面给人以稳定、安静、平和与含蓄的感觉；垂直排列的版面给人向上的动感；骨格型严格按照骨格比例对选定图形和文字进行编排配置，是一种规范的、理性的版式构成类型，给人严谨、和谐、理想之美，骨格经过相互混合后的版式既理性有条理，又活泼而具有弹性。

（2）感性化类型。

是相对于理性化类型而言的，版面中的视觉元素的主次顺序、形象之间的平衡关系主要是通过设计者的直觉与版式设计的关系来决定的，强调版式的自由、浪漫、无秩序等。其中最具代表性的是自由型设计，由于其是不受网格约束的，是设计者创作时纯感性化表达的样式，更使页面显得灵动而富有感染力。

（3）其他类型。

是在理性化类型和感性化类型之外的其他版式设计类型，包括全版型、重复型、重叠型、定位型、聚集型、分散型、引导型等，笔者认为，适合陶瓷产品包装的版式类型有重复型、定位型、聚集型和引导型等，其中重复型是让某个选定图形在版面中重复多次出现，使之发挥强调目标、增加注目效果、加深记忆的作用。在实际的设计中，重复伴随着渐变或是特异的手法一同使用，可以避免产生乏味之感；定位型先将选定图形或左或右、或上或下、或居中、或倾斜定位后，文字依据图形的位置及轮廓形状进行编排，突破版面自身的常规局限，在常规中寻变化，在变化中求统一；聚集型将选定图形聚集于版面中的某个位置，使之具有团块式的聚集效果，给人一种紧凑、联系的感觉；引导型利用版面上带有指示性的箭头、符号等，将阅读者的目光引导至版面所要传达的主题内容上，积极制造视觉焦点，使之形成有效的指示和引导效果。

在选定合适的版面编排构成的式样类型的前提下，充分把握好图形与图形、图形与文字、文字与文字、色块与色块及各包装面之间的关系，利用人的视觉焦点，按照人的视觉习惯，将陶瓷产品包装设计各视觉元素的主次以及各包装面视觉焦点的顺序有计划地组织起来，使整个包装设计富有内在的逻辑性，使各个视觉元素之间构成一个和谐统一的整体。

第五章　现代陶瓷产品包装设计流程

一、陶瓷产品包装市场调研分析

作为产品的促销手段，陶瓷包装设计的目的绝不仅仅只是为了美观，成功的陶瓷包装设计应该是被市场或消费者所认可的，并且能够创造商品的附加经济价值。因此，充分了解市场与消费者的需求，对陶瓷包装设计具有十分重要的意义。

所谓市场分析，就是为了解决某项产品的营销问题而对市场及市场环境进行的具体分析与研究，一般包括：市场中同类商品的生产、销售情况；消费人群的基本情况，如消费人群的年龄、经济收入、文化素养等方面的内容；市场中该品牌的形象知名度、好感度、信任度，产品的价格、质量、销售手段等方面的内容。市场分析是运用科学的研究方法，对市场的运行状况、消费者心理、市场潜力及发展动向进行的综合整理分析。事实证明，在日趋激烈的市场竞争中，企业或者设计人员必须依据大量市场分析作为可靠的信息资料，从而确定自己产品的市场定位，才能进行合理的规划设计。

（一）市场分析的内容

市场调研的内容涉及面极其广泛和复杂。可以说，凡是直接或间接影响市场的信息资料，都是收集或研究的内容。但是，调研也不能漫无边际地罗列数据、堆砌资料，而是要有针对性地进行实质的调查研究，从中发现有价值的资料。一般将市场调研归纳为消费者研究、产品研究和市场研究三个方面的内容，这三者既相互联系，又可单独进行。

1. 消费者研究

消费者调查的主要内容有：

第一，消费者的风俗习惯、生活方式、性别年龄、职业收入、购买能力以及对产品品牌的认识。

第二，产品的使用对象属于哪一个阶层，消费者对产品的质量、供应数量、供应时间、价格、包装以及服务等方面的意见和要求，潜在客户对产品的态度和要求，以及消费群体对产品的未来需求。

第三，消费者商品购买行为的发生方式，商品知名度及市场占有率，受众对商品的印象和忠诚度等一系列影响购买的因素。

2. 产品研究

市场调研的目的是更好地将产品推销出去，因此，对产品的了解就是对产品进行创意设计的重点。产品研究主要包括产品的历史、产品的特点、产品的销售和目标市场等方面。产品的历史主要包括其生产历史、生产过程、生产材料以及生产设备与技术等情况，通过

对产品历史的了解，从而确定产品最初的上市情况、工艺流程、技术质量、生命周期等，进而为产品的下一步发展提供理论依据。

产品的销售和目标市场研究主要是通过分析产品的销售记录，了解产品销售地区分布、销售时间安排和消费者阶层的分布，从而确定产品设计的方向。

3. 市场研究

市场研究主要是通过产品在市场中的表现进行资料搜集、分析和研究，对产品的销售状况、销售前景、销售利润以及销售模式等情况进行了解。通常，在市场研究中，需遵守两条原则：以产品为中心的原则和实质性原则。以产品为中心的原则，是指在市场调查中应以调查产品为中心，搜集详细的资料。所搜集的资料越详细越具体，对设计决策工作的参考价值就越大。实质性原则，就是要通过市场调查，从表面现象中寻找出带有实质性意义并能表现市场变化趋势的资料。因为，市场调查不仅仅是为了了解市场的现状，而是要根据所掌握的情况合理地去预测市场的变化趋势。所以，市场调查中要特别注意带有实质性并能表明各种潜在变化的资料的搜集和研究工作。

（二）市场分析的方法

市场调查的方法有很多，随着社会科学的发展，更多新型的市场调查方法不断出现，市场调查工作首先要明确调查的目标和基本问题，因此应制订详细的调查纲要和工作日程，以便能够使调查工作有条不紊地进行。接下来，需要组织专人进行调查工作的开展。市场调查的方法主要有观察法、实验法、访问法和问卷法。

1. 观察法

这是社会调查和市场调查研究的最基本的方法。它是由调查人员根据调查研究的对象，利用眼睛、耳朵等感官以直接观察的方式对其进行考察并搜集资料的方法。例如，市场调查人员到被访问者的销售场所去观察商品的品牌及陶瓷包装情况。

2. 实验法

由调查人员跟进调查的要求，用实验的方式，将调查的对象控制在特定的环境条件下，对其进行观察以获得相应的信息。控制对象可以是产品的价格、品质、陶瓷包装等，在可控制的条件下观察市场现象，揭示在自然条件下不易发生的市场规律，这种方法主要用于市场销售实验和消费者使用实验。

3. 访问法

可以分为结构式访问、无结构式访问和集体访问。结构式访问是实现设计好的、有一定结构的访问问卷的访问。调查人员要按照事先设计好的调查表或访问提纲进行访问，要以相同的提问方式和记录方式进行访问。提问的语气和态度也要尽可能地保持一致。无结构式访问没有统一问卷，由调查人员与被访问者进行自由交谈。它可以根据调查的内容，进行广泛的交流。如：对商品的价格进行交谈，了解被调查者对价格的看法。集体访问是通过集体座谈的方式听取被访问者的想法，收集信息资料。可以分为专家集体访问和消费者集体访问。

4. 问卷法

通过设计调查问卷，让被调查者填写调查表的方式获得所调查对象的信息。在调查中将调查的资料设计成问卷后，让接受调查的对象将自己的意见或答案填入问卷中。在一般的实地调查中，以问答卷的采用最广。

最后，需要将所调查的内容以调查报告的形式呈现出来。市场调查报告的内容、市场调查的结果最终会传达给产品的有关设计人员。因此，它必须资料数据详尽、表达简洁准确、问题结构严密。国内外一些较成熟的设计公司都设有相应的市场部门来负责这部分工作，作为设计人员我们要知道如何有效地利用相关信息，使设计工作有的放矢。因受旧的观念影响，我国的设计就事论事的情况比较多，尤其是在对待陶瓷包装设计的态度上，或是陶瓷包装过时了换换包装，或是单纯为新产品加上一件漂亮的外衣。片面地认为陶瓷包装漂亮、高档，东西就好卖。为产品做深入市场调查和市场分析的还不多见，这就造成了我们的设计缺少鲜明的形象识别，带有一定的片面性。没有把陶瓷包装设计纳入营销战略的环节中去。这种现象将会随着我国设计教育水平的不断提高而逐渐改善。

二、陶瓷包装设计定位方法及设计策略

（一）设计定位的概念

“定位”一词是20世纪80年代由艾·里斯与杰克·特劳特提出的一个传播、营销概念，时至今日，它已经成为一个包括“政治、战争和商业，甚至追求异性”的最重要、使用最广泛而频繁的战略术语之一，当然，它也是陶瓷包装设计营销战略理论构架中的一个核心概念。

简单地讲，设计定位就是设法使产品在市场与消费者大脑中占领一块“地盘”。在今天信息传播过剩的社会里，人们的大脑已经成了一块吸满水的海绵，如何创造出人们头脑中尚没有的东西，是异常艰难的。因此，只有不断发掘自身不同于人的优势，才能重新占据消费者的大脑。而定位策略是一种有效传播沟通的新方式。定位的策略理论不是针对产品本身，而是针对预期客户。也就是说，它不是为了创造出新的、不同的东西，或者说对产品本身并没有什么改变。但它确实在改变，只不过它改变的是产品的名称、价格、包装等以及由此而改变已存于消费者大脑中旧的认识。它的目的是确定某一产品在市场中的位置，确定产品所针对的特定对象，以便在众多的产品中找到该产品的特质和独具竞争力的因素。

设计定位的准确与否是陶瓷包装设计成败的关键，它是一项具有针对性的工作，目的是要找到相关的设计依据，这些依据是通过市场调查来获得完成的。现代市场经济的日益发展，商品种类的层出不穷，使商品竞争愈加激烈。一个商品能够拥有一定的消费群体，或是在同类商品中占有一席之地并非易事。如果把某个商品定位在人人都能用，或任何时候都能用，这无异于在编造一个谎言。作为一个专业的设计人员应从市场的客观规律出发，为产品寻求一个准确的定位，为企业负责，更为消费者负责。由于观念上的差异，在和企业沟通时常会存在一些障碍，要有足够的耐心，并用恰当的设计方案作为依据，使他们能够逐步接受你的观点。

（二）影响设计定位的产品属性

产品属性是影响设计定位的重要因素。产品属性有以下三个方面：基本属性、物质属性和心理属性。基本属性：陶瓷商品的用途，它所反映的是商品的基本内容；物质属性：商品的物质形态，是光滑的还是粗糙的等等，它所反映的是商品的质感；心理属性：商品带给人的心理感受，是大方的，还是典雅的、高贵的等等，它所反映的是商品的内涵。

这三个方面的内容都是我们进行陶瓷包装定位时的基本依据。如果只注重表现形式而忽视产品属性的话，就会使形式与内容相脱离，会给人造成与商品不符的感觉。应根据产品的基本属性和物质属性进而表现出产品的心理属性。多方面地了解产品是为了更有效地表现它，结果应该是一个完整的形象，使形式和内容紧密融合。

（三）设计定位的方法和策略

由于我国物质生活日益丰富，人们购买力的不断增强，同类产品的差异性逐渐减少，品牌之间使用价值的同质性日趋接近，所以对消费者而言，什么样的产品能吸引他们的注意，什么样的产品能让其选择购买，是每个商家苦苦追寻的问题。这便为同类产品的陶瓷包装设计提出了更多的挑战，只有在陶瓷包装设计的创意定位策略上下功夫，才能创造出独特的商品外衣，才能使自己的产品脱颖而出。

陶瓷包装设计定位主要包括实际定位与心理定位两种，也可称其为实体定位和观念定位。实体定位就是在陶瓷包装设计中，突出产品的新价值，强调与同类产品的不同之处和所带来的更大的“超值”利益。

观念定位是指在消费者头脑中的定位。没有一种产品陶瓷包装能使所有的消费者都喜爱，任何消费者也不会仅仅只是忠心于一种产品陶瓷包装。但是，一般来讲，一旦某一陶瓷产品包装在人们心目中留下了第一印象，就不容易被轻易改变。而且研究表明，消费者面对如此繁多的陶瓷产品包装时，总是会在自己的心中将产品进行等级划分，即某一类产品在心理上属于一个层次，而每一个层次又都代表着一类不同的产品。这就是艾·里斯与杰克·特劳特提出的“梯级理论”。 梯级理论告诉我们必须通过对消费心理的研究，来突出陶瓷产品包装的优势，以改变消费者的消费习惯心理，从而在消费者心中树立新的产品消费观念。

创意定位策略在陶瓷包装设计过程中占有极其重要的地位。陶瓷包装设计的创造性成分主要体现在设计策略的创意上。所谓创意，最基本的含义是指创造一个新的解决方案，寻找一个别人没有发现的角度。当然这些都不是无中生有的，而是在已有的经验、材料基础上加以重新分析组合。定位策略是一种具有战略眼光的设计策略，它具有前瞻性、目的性、功利性的特点。创意定位策略是陶瓷包装设计最核心、最本质的因素。以下几种陶瓷包装创意定位策略在陶瓷包装设计中起着举足轻重的地位。

第一，产品性能上的差异化策略。

产品性能上的差异化策略，也就是找出同类产品所不具有的独特性作为创意设计的重点。对产品功能的研究是品牌走向市场、走向消费者的第一前提。

第二，产品销售的差异化策略。

产品销售的差异化策略主要是确立产品的销售对象、销售目标、销售方式等各个销售因素的不同。产品主要是面对不同的消费群体，不同的年龄阶段，不同的文化水准，不同的生活习惯。产品的销售区域、销售范围、销售方式等都直接影响和制约着陶瓷包装设计的定位策略。

第三，陶瓷产品外包装差异化策略。

陶瓷产品外包装差异化策略就是寻找陶瓷产品在包装外观造型、包装结构设计等方面的差异性，来突出自身产品的特色。在选择产品外观造型时，一是要考虑产品的保护功能，二是要考虑便利功能，三是外观造型的审美和信息传达功能。

第四，品牌形象策略。

随着经济的不断发展，任何一种畅销的产品都会导致大量企业蜂拥而上，产品之间可识别的差异也变得越来越模糊，产品使用价值的差别也越发显得微不足道。这时如果企业还一味地强调产品的自身特点和产品细微的差异性，就会导致消费者的不认可。如今产品的品牌形象日趋重要，在品牌形象策略中，一是强调品牌的商标或企业的标志为主体，二是强调陶瓷包装的系列以突出其品牌化。

各种不同的陶瓷包装创意定位策略在设计构思中绝不是单一进行的，而应该是相互交叉，取长补短加以运用。创意独特的陶瓷包装定位策略是指导陶瓷包装设计成功的决定性因素，有了它，设计构思便有了依据和发展的可能。

三、陶瓷产品包装从设计到实现

（一）陶瓷包装设计的构思

《辞海》中“设计”的概念是指通过可视符号将各种各样的设想和构思表示出来，具有可感性、前瞻性、策略性、计划性、可行性和实施步骤等特征。特指创造前所未有的工具或者器物，也可以是对现有事物的改良或者换代设计。

陶瓷包装设计的构思阶段即设计理念的酝酿、成型阶段。陶瓷包装的设计过程中，设计构思始终贯穿于设计的整个过程。当设计定位已经确定，接下来就是用何种设计元素和怎样应用这些元素的问题，这也是设计创意所要解决的具体问题，即为产品寻求一种最具实用性、最具审美感、最具信息传达效力的表现方案。最终的目的是更好地传达商品信息、表现商品的价值、促进产品销售，进而塑造品牌形象。

好的构思创意是根据市场、商品、消费者等诸多方面的具体情况，经过深思熟虑后做出的视觉效果的预想。对于一种陶瓷商品包装的设计构思来说，可供选择的设计元素很多，那究竟怎样更能突出商品的主题而有别于其他竞争对手，又能让消费者有“心动”之感呢？设计构思必须从整体出发，整体是由局部各要素内部因素有机维系的，而不是各要素的机械相加和拼凑。商品的主要特征首先是从整体形象中表现出来的，消费者对商品的认识和感受也是首先从整体形象中获得的。整体构思，要始终贯穿在设计的全过程中，并随着设计过程不断深化。设计水平的高低，首先取决于构思水平的高低，而把握整体是设计构思的关键。如果在设计构思的过程中，缺乏整体的意识，就不可能塑造出一个完整的商品形象。

（二）陶瓷包装设计构思的方法

设计构思的方法分为直接推销式和间接情感诉求式。

直接推销式：以商品的销售为中心出发点，将商品的形象直接展现在陶瓷包装上，主要目的是将产品的特异性、优于其他竞争对手的信息突出出来。将产品的结构、功能等系统、有条理地呈现给受众，表达直接、明了，使消费者在了解产品的各种属性和信息后，对其产生信任和亲和力，最终实施购买行为。

间接情感诉求式：以企业的形象为象征元素，以消费者的情感、心理因素为设计出发点，将产品的物质信息之外的社会属性和文化含义，以及消费者使用商品时所产生的心理和精神上的满足等各种因素，用恰当的视觉符号或造型营造出具有感染力的视觉画面，来实现宣传商品的创意方法。间接情感诉求式的构思方法可以从以下几个方面进行。

第一，以商品内容作为主体形象。多用于自身形象悦目感人的产品和需要让消费者直接见面的产品。

第二，以品牌标志为主体形象。多用于名牌产品和品牌标志图形与产品内容直接有关的产品。

第三，以品牌的文字字体作为主体形象。多用于不宜直接表现具体形象的产品。

第四，以品牌的名称内容为主体形象。多用于通过品牌名称能产生美好联想和品牌名称本身包含美好内容的产品。

第五，以商品的原料为主体形象。多用于产品原料比产品具有更好的视觉效果和更能吸引消费者关注的产品。

第六，以产品的产地为主体形象。多用于传统产品和产地享有盛名的产品。

第七，以产品用途为主体形象。多用于日常生活中使用的产品和需要消费者了解具体用途的产品。

第八，以消费者为主体形象。多用于对消费者群体有明确指向的产品。

第九，以消费者喜闻乐见的内容做主题形象。多用于礼品陶瓷包装和与传统风俗密切相关的产品。

第十，以抽象图案做主体形象。多用于产品内容适合以感觉和感受来意会体验的产品。

在进行具体的陶瓷包装设计构思时应注意以下几点：

表现商品属性：主题突出，设计要围绕商品的卖点进行，把商品的形象、品牌、品名等基本属性尽可能地强调出来，充分表达出商品的识别性和个性魅力。

选择主题形象：形式要为内容服务。陶瓷包装设计不但要真实地传达商品的物质属性，满足消费的物质需求，而且还要运用不同的表现手段满足消费的精神需求，可利用摄影、绘画、装饰、漫画、夸张等手段塑造主题形象以赋予商品陶瓷包装更多的艺术美感。

突出品牌：设计时要构思新颖、突破常规、宣扬个性。尽可能地采用有别于同类商品的视觉语言，在别人尚未留意的题材和角度上进行创作，为司空见惯的物品赋予新的内容，并以最富有表现力的手法表达出来，加强陶瓷包装的感染力。需要注意的一点是创新必须以商品为中心，以突出品牌服务。

把握档次：设计师要把握商品档次充分考虑陶瓷包装制作成本的问题。外在的立体造型不但要有创意还要实用，更要注意材料的节约，尽可能做到不浪费。再有就是材料的选择、印刷成本的预算等都是不可忽视的问题，可以多采用环保型的陶瓷包装策略。

（三）设计草图的方法

在陶瓷包装设计中，设计陶瓷包装草图是设计构思的一个必经过程，是为了寻找、解决问题所进行的思考、调查和筛选过程的视觉依据。在设计中，草图让各种信息随时随地地参与到思考的过程中，并且将各种游离松散的概念用可视形象作为陈述的表达或记录，它是思维的纸面形式。经过大脑的思考，概念被转化成感性的形象表达在纸面上，在对这些视觉形象进行辨别和区分后，实际可行的形象会渐渐形成。这一过程涉及徒手绘画、视觉形象、眼睛观察与大脑思考等环节。通过这些环节可以对信息进行添加、削减或者改变，将其具体深化就能成为一个创意方案。利用徒手绘画的方式，草图实现了设计者与其思维最好的交流。草图是思维的物化，研究的心得。虽然电脑在现在设计的应用中已经成为一个较为普遍的手段，但是手绘的草图因其方便性与个性化仍然具有美学与原创性的意义。

一句话、一个图形、一个符号或者是一个意象，任何自己的思维过程都应不加判断、不加修饰地记录下来。我们不需要知道它们最终是什么样子，它们也没有对错之分。学会及时地捕捉转瞬即逝的灵感火花，不放弃任何的信息点。有时无意识的、没有目的的一个小小的思维经验，往往可能触及你原来最不可能想象的东西，发现生动的视觉形象。

在利用草图进行陶瓷包装构思的过程中，从手、草图、眼睛到大脑再到手，循环的次数越多、越细，你所能得到方案的机会也越多，产生新形象的可能性也就越大。其实这个过程也是理性思维与形象思维交互作用的过程。伴随着大量的视觉草图，你的思维就有可能发散开来，就可以将模糊的、不确定的设计意象进行融合、丰富，形成更成熟的概念构思。所以，在某种意义上，设计草图比最后的正式作品更为重要，这是因为草案凸显着你的思维方式和创意轨迹，也体现着一种认知、体验和思考的经历，具有真正的思维流露。

因此，在陶瓷包装设计之初不要急于找到一个方案而匆匆忙忙地走向结论。采取视觉的分析草图，从最初的概念开始，不断地探索、修改，直到最后找到一个最佳的方案。

（四）陶瓷包装设计的实现

任何视觉语言，都涉及说什么和怎么说的问题，也就是内容与形式的问题。在陶瓷包装设计中，设计创意最终要随着思维的发展以具体的形式表现出来。设计表现是设计构思的深化和发展，而不是终结。设计的成败取决于艺术构思与形式表现两个方面的内容，独特巧妙的艺术构思需要一定的艺术形式才能得以充分体现。

从创意到具体的视觉形象是由抽象到具象的过程，它不是单纯的问题转化，而是一种富有诗意的“移植”。设计师冯斯·黑格曼这样解释：“移植是把原先的位置移动或影射到一个新的环境中，从而为其赋予新的意义和不同的联系。这么做的目的在于让事物脱离固有的处境，获得新颖的视角。这个方法会让观众有意识地做出反应，并改变人们的感知。”好的“移植”不会把肤浅的或不可能的东西强加于无形的状态，它会试图从无形中剥离出其中隐藏的形态，从而为无形赋予一个新的形态。

陶瓷包装设计通常由立体的包裹性设计与平面的装饰性设计构成，因此，在陶瓷包装设计的表现过程中，它主要涉及立体的平面设计和模型制作两种形式。如何最好地给客户展现未来的设计效果，是设计师在与客户进行沟通时必须面对的关键问题。试想设计师的头脑中闪现出一个绝妙的创意，却无法呈现给客户，显然这是极其令人扫兴的。而如今随

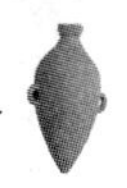

着计算机技术的迅猛发展，设计师们利用相应的设计软件在展示印刷时所需的平面展开图的同时，又模拟了陶瓷包装的立体模型。

1. 陶瓷包装设计的平面表现

陶瓷包装设计可以应用电脑技术制作出平面的或立体的效果图，比如利用常用的设计软件 Photoshop、CorelDraw、Illustrator 等，可以准确、形象地制作出设计展开效果图。

平面展开图的制作，是依据设计师的手绘或电脑制作的草图，将立体的陶瓷包装盒展开，并将陶瓷包装的图案、文字设计安排在合适的展开位置上的过程。陶瓷包装平面展开图的制作中，要将每个面的尺寸计算精确，并留出模切、出血的尺寸，还要标清楚哪里是切线，哪里是压线，以利于印刷之后的折合成型。

标帖是直接附着于陶瓷包装容器上的部分，相当于产品的名片，是产品最贴近的“导购”形式，具有传达商品信息、展现商品特色的作用。对标帖的表现，可以根据陶瓷包装的造型灵活设计，巧妙构思，如形状可以是规则的标准形，也可以是复杂变化的异形，可以将其贴于包装盒上。

另外，陶瓷包装还有组合式的系列产品设计，也可以称为一个产品的家族式陶瓷包装设计。这种表现要根据整体的视觉效果，来把握分体陶瓷包装的造型、色彩等。它在设计时既要考虑每一个陶瓷包装个体的个性，也要考虑到整体组合的效果。

2. 陶瓷包装设计的立体表现

在平面设计表现的基础上，为了更直观地看到陶瓷包装的最后效果，还要进行立体效果图的制作。陶瓷包装的立体模型的制作是陶瓷包装表现的最后重要一关。纸盒结构的表现首先要根据设计师画好的立体效果图，分析每个陶瓷包装面展开后相互之间的连接关系，还要合理地设计粘口、插口的具体位置。陶瓷包装的立体模型在制作时首先应根据设计师事先画好的设计效果图，运用投影透视的原理画出产品三视图——主视图、俯视图、侧视图，然后进行立体包装的制作和呈现。

第六章　陶瓷产品包装常见问题

陶瓷产品的包装设计应以保护商品作为其首要目的，并在陶瓷包装结构设计和视觉设计方面做到拒绝过度包装、引导环保绿色设计、走陶瓷本土包装设计之路，只有这样，才能符合陶瓷产品包装的定位和需要。

一、拒绝过度包装

陶瓷包装的出现，为我们的日常生活增添了一道道多彩的风景线，在商业竞争中，优秀的陶瓷包装设计可以提高商品的附加价值，激发消费者的购买欲，具有明显的促销作用。然而，激烈的市场竞争迫使商家不断地对产品进行更新换代，不断地变换陶瓷包装的效果，愈演愈烈的结果令竞争走向了另外一个极端，商品大战越来越像包装大战。人们通过商品包装反映个人在社会中的价值认可度，通过陶瓷包装无形中所划分的档次来判定自我在他人心目中的地位，促使有些产品包装设计背离了现实生活的轨道。在这种背景下，很多具有强大危害性的“环境杀手”藏身于人类制造的垃圾中，成为入侵地球新的敌人。因此我们应该开发陶瓷包装的绿色效能和适度效能，利用产品包装的重要环节——“包装设计”来提高陶瓷包装的绿色效能，最大限度地去节约陶瓷包装材料，开发适度包装的应用领域，减少资源的浪费，从而节约资源，维护生态平衡。同时，使废弃陶瓷包装的排放减到最小并减少生产过程中造成的环境污染，从而减轻陶瓷包装给环境造成的巨大负荷。

根据商品包装使用价值的理论，陶瓷包装适度化所涉及的问题包括社会法规、废弃物处理、资源利用等。从陶瓷包装的功能来看，适度陶瓷包装能依靠科学技术的发展，充分发挥陶瓷包装实体的有用功能，而尽量减少和消除陶瓷包装实体的有害功能。陶瓷包装的超前消费体现在过度陶瓷包装、陶瓷包装物与内装物费用严重失衡等方面，过度的装饰在一定程度上可以刺激销售，给企业带来效益，但是，过度包装浪费社会资源、增加销售成本，为环境遗留了更多的废弃物。

在我国资源还很贫乏的今天，应树立绿色包装观念，增强生态环境保护意识，并引起全社会的关注与参与。适度合理的陶瓷包装应从多个角度来考虑，满足多方面的要求，包括下列几个方面的内容：陶瓷包装应妥善保护里面的商品，使其质、量均不受损伤，要制定相应的适宜标准，使包装物的强度恰到好处地保护陶瓷，陶瓷包装除了要在运输装卸时经得住冲击、震动之外，还要具有防潮、防燥、防水、防霉、防锈等功能，同时起到保护环境的作用；陶瓷包装内商品外围空间容积不应过大，为了保护内装商品，不可避免地会使内装商品的外围产生某种程度的空闲容积，但合理包装应要求将空闲容积减少到最低限度，不浪费材料；陶瓷包装要便于废弃物的治理，合理地设计陶瓷包装结构，从功能、耗材及印刷工艺上使陶瓷包装产品实现最大限度的减量，避免陶瓷包装结构、层次、体积的

繁复叠加，应设法减少其废弃物数量，在制造和销售商品时，就应注意陶瓷包装废弃物的用后处理问题。

陶瓷包装的适度化、合理化就是充分发挥陶瓷包装的积极作用，尽量减少和消除销售陶瓷包装的消极功能，使其随着商品经济的发展而不断优化，取得更好的社会效益。材料、形式符合“适度、健康、可回收”要求的绿色效能包装是相对于过度包装、污染性包装而提出的概念，核心思想是提倡节约风尚，确立节省资源的理念。近年来陶瓷包装浪费的现象诸多，陶瓷包装用料过度，存在一定的浮夸成分，可见适度陶瓷包装的问题已刻不容缓。

当今市场的竞争日趋激烈，同行业同类商品日新月异，很多商品为了占领市场，利用许多促销的手段，使消费者产生购买欲望。我们可以从减低陶瓷包装的成本、节约材料的角度，改进一下陶瓷包装结构。如将两个以上独立个体陶瓷包装设计成具有共享面的联体陶瓷包装，将商品陶瓷包装同礼品陶瓷包装的独立结构连接起来，设计成联体的单个陶瓷包装，可以节约两个面的材料，特别是纸质陶瓷包装。陶瓷包装设计在体现其商业价值方面，应当有其自身的艺术内涵，应当根植于陶瓷包装文化的自身，这样的陶瓷包装设计才不会沦为单纯表面的视觉盛宴，这正是陶瓷包装设计过程中需要考虑的另外一个层面，也正是陶瓷包装设计在精神层面的绿色本质所在。

二、引导环保绿色设计

（一）绿色包装发展历程

1. 绿色包装发展历程及意义

绿色包装的概念发源于 1987 年联合国环境与发展委员会发表的《我们共同的未来》。1992 年 6 月联合国环境与发展大会又通过了《里约环境与发展宣言》《21 世纪议程》等章程，随后在全世界范围内掀起了一场以保护生态环境为核心的绿色浪潮。根据人们对绿色陶瓷包装理念的认识，可以把绿色包装的发展划分为三个阶段：第一阶段，即 20 世纪 70 年代到 80 年代中期的“包装废弃物回收处理”，回收处理，减少包装废弃物对环境的污染是这个阶段的主要内容。这一时期的相关法令有美国 1973 年颁布的《军用包装废弃物处理标准》；丹麦 1984 立法规定的重点在于饮料包装的包装材料回收利用；中国在 1996 年颁布的《包装废弃物的处理与利用》等。第二阶段，即 20 世纪 80 年代中期至 90 年代初期“3R，1D”——Reduce、Reuse、Recycle 和 Degradable 是世界公认的发展绿色包装的 3R 和 1D 原则。这个阶段，美国环保部门就包装废弃物提出了三点意见：第一，尽可能对包装进行减量化，不用或者少用包装；第二，尽量回收利用商品包装容器；第三，不能回收利用的材料和容器，在制作时应采用生物降解的材料。同时欧洲的许多国家也做出了本国的包装法律规范，强调包装的制造者和使用者必须重视包装与环境的协调性。第三个阶段，即 20 世纪 90 年代中后期的“LCA”：LCA（Life Cycle Analysis），即“生命周期分析”法，被称为“从摇篮到坟墓”的分析技术，它把包装产品从原材料提取到最终废弃物的处理的整个过程作为研究对象，进行量化的分析和比较，以评价包装产品的环境性能。这种方法的全面、系统、科学性已经得到的人们的重视和承认，并作为 ISO14000 中一个重要的子系统存在。

绿色包装之所以为整个国际社会所关注，是因为人们认识到了产品包装对环境污染带来了越来越多的问题，不仅危害到一个国家、一个社会、一个企业的健康发展，影响到人的生存，还引发了有关自然资源的国际争端。绿色包装的必要性和积极意义主要体现在如下方面。

（1）包装绿色可以减轻环境污染，保持生态平衡。

包装废弃物对生态环境有着巨大的影响，一是对城市自然环境的破坏，另一个是对人体健康的危害。包装废弃物在城市污染中占有较大的比例，有关资料显示，包装废弃物的排放量约占城市固态废弃物重量的1/3，体积的1/2。另外，包装大量采用不能降解的塑料，将会形成永久性的垃圾，形成“白色污染”，会产生大量有害物质，严重危害人们的身体健康；不仅如此，包装大量采用木材，会造成自然资源的浪费，破坏生态平衡。

（2）绿色包装顺应国际环保发展趋势的需要。

在绿色消费浪潮的推动下，越来越多的消费者倾向于选购对环境无害的绿色产品。采用绿色包装并有绿色标志的产品，在对外贸易中更容易被外商接受。

（3）绿色包装是WTO及有关贸易协定的要求。

WTO 协议中的《贸易与环境协定》规定，出口商品的包装材料只有符合进口国的规定，才能被准许输入该国，并且以法规的形式对进口商品的包装材料进行限制、强制性监督和管理。例如：美国规定进口商品的包装不许用干草、稻草、竹席等。这促使各国企业必须生产出符合环境要求的产品及包装。绿色包装是绕过新的贸易壁垒的重要途径之一：国际标准化组织（ISO）就环境制定了相应的标准ISO14000，它成为国际贸易中重要的非关税壁垒。另外，1993 年 5 月欧共体正式推出“欧洲环境标志”，欧共体的进口商品要想取得绿色标志就必须向其各盟国申请，没有绿色标志的产品要进入上述国家会受到极大的限制。绿色包装是促进包装工业可持续发展的唯一途径：可持续发展要求经济的发展必须走“少投入、多产出”的集约型模式，绿色包装能促进资源利用和环境的协调发展。专家指出，未来10年内，“绿色产品”将主导世界市场。而“绿色包装”自然成为社会持续发展的主要研究任务。积极研究和开发“绿色包装”已成为我国包装行业在新世纪面对未来的必然选择。

（二）陶瓷产品的绿色包装设计

陶瓷包装设计中绿色的概念到底指向何方，怎样才算是真正的绿色陶瓷包装设计，这一直是设计界看似明白，实则困惑的一个话题，具体地从设计角度去实践的情况还甚少。设计师应在不同的设计阶段，使用不同的设计方法与工具来进行分析与设计，通过陶瓷包装设计提高陶瓷包装的绿色效能，寻找一种与环境、自然相互协调的设计思路，使之从一种简单的满足人类要求的低级模式升华至与人类、自然相互协调的“共生互补”的境界。绿色包装设计不是脱离生活背景孤立存在的，而是孕育创造个性陶瓷包装的前提。绿色陶瓷包装的内涵即陶瓷包装可与自然融为一体，取之于自然，又能回归于自然，绿色产品所采用的材料要通过无污染的加工形成，即便是用后丢弃也可以回收处理，或回到自然或循环再造，简单地说就是在绿色环境中进行的绿色循环。

绿色陶瓷包装设计涵盖多方面的内容，如呵护生态、环保意识、人类自身健康安全意识、自然及其舒适简约的设计理念等，它从环境保护出发，旨在通过设计创造一种无污染，

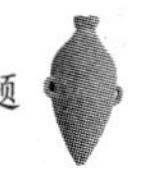

有利于人类健康，有利于人类生存繁衍的生态环境。因此绿色设计不仅仅是出于技术层面上的考虑，更重要的是一种观念上的变革，要求设计师勇于放弃那种过分强调外观设计、标新立异的做法，将重点放在真正意义的创新上，以一种更为负责的态度和方法去创造产品的形态，用更简洁、持久的方法使商品尽可能地延长其使用寿命，同时传达绿色人文的精神理念。

从技术角度讲，绿色陶瓷包装是指遵循可持续发展，在制作和加工过程中没有污染或对环境污染小，在使用过程中安全卫生，在废弃物处理中对环境无害的陶瓷包装制品。它包含了材料选择、加工方式和废弃物处理三大方面，陶瓷包装从原料选择、产品制造到使用和废弃的整个生命周期，均应符合生态环境保护的要求。因此，绿色陶瓷包装的设计应从材料、设计和陶瓷包装产业三个方面入手。

（三）绿色陶瓷包装设计思考—以坭兴陶包装为例

近年来，随着包装与环境的矛盾日趋显著，包装对人类社会的影响也逐渐成为人们研究的重点。在自然环境日趋恶化、污染持续加重、自然资源日渐枯竭、人类面对未来自然生活的恐慌不断加剧的时代背景下，将包装设计与自然环境相结合是包装设计的正确研究方法。绿色包装设计是可持续的设计方法，伴随着科学技术的进步和社会文化的发展，绿色包装必然成为人们生产生活和商品交易的重要组成部分，因此，如何正确评价绿色包装设计方法和对其进行正确导控，关系着包装及相关产业未来的发展之路。

绿色包装又称为环保包装、生态包装等，这一概念的提出源于 1987 年联合国环境与发展委员会发表的《我们共同的未来》，主旨为保护环境、节约能源、促进能源再回收循环利用。坭兴陶产品绿色包装设计，是将绿色包装设计理念结合坭兴陶产品包装设计的一个设计方法，能有效降低坭兴陶产品包装行业中的能源消耗，以科学合理的方法充分利用再生资源、减少自然资源的浪费，使包装在其整个生命周期中尽可能减少对环境的影响。研究坭兴陶产品绿色包装设计的方法，应从包装系统局部问题和包装系统综合问题两个方面入手，其中包装系统局部问题的研究为坭兴陶产品包装设计提供了解决问题的依据，加深了对所遇问题的理解，并以此激发设计构思，它是包装系统综合问题的前提。包装系统局部问题和包装系统综合问题是系统论的基本方法，以此研究系统来研究坭兴陶产品包装设计，将其设计中的各个环节和各个因素作为局部，设计的整个过程作为整体，用最基本的局部与整体结合的基本方法，把握坭兴陶产品包装的局部和整体的大方向，实现绿色包装方法在坭兴陶产品包装上的和谐高效目标。

坭兴陶产品绿色包装不仅是对坭兴陶产品的简单保护，更是在当今社会对文化、环境、资源的深刻认知。现代设计作为人类改善生活的方法，已经渗透到了社会生活的各个方面中。随着人类认识水平的逐渐提高、深化和上升，人类的设计也必将随着自身认识的提高走向更高的境界，由不自觉走向自觉；由追求物质需要为主到物质与精神兼顾并以追求精神享受为主；由对功能的满足进一步上升到对人的精神关怀；由以人为中心上升到关心自然的生态，与其他物种和谐并存，坭兴陶产品包装设计也将围绕设计与自然、设计与环境、设计与人的关系展开，而如何设计出符合自然环境和人文环境的优秀的坭兴陶产品包装，以及如何将绿色包装设计理念融入到坭兴陶产品包装并导入消费者的生活，就成为包装从业者必须要考虑的问题。通过政策的引导与保障、法规和标准的确立与完善、设计教育的提升、消费意识的提升等几个方面规划探究绿色包装设计方法导入坭兴陶产品包装设计实践的原则及必要性，分析并指出在导入过程中存在的问题及解决方法，使坭兴陶产品绿色包装设计方法更快更好地应用于生产实践中。

1. 加强政策的引导与保障

坭兴陶产品绿色包装设计方法的实现与政府政策的引导与保障措施的出台密切相关。如何发挥政府的导向作用、引导企业生产绿色坭兴陶包装产品和公众提高绿色消费意识，将直接影响坭兴陶产业的可持续发展战略和未来发展之路。通过加强政策的引导与保障，实施环境保护标志计划和倡导绿色消费观念等措施，加大坭兴陶产品绿色包装的宣传力度，使消费者了解购买绿色包装的坭兴陶产品既能减少对健康的影响，提高生活质量，还能减轻国家为改善环境质量投入的资金压力，通过出台政策将生产与消费导向于绿色设计、加大对绿色包装生产企业的资金支持、加大对坭兴陶产品绿色包装的宣传力度等方式开展政策的引导与保障，使广大群众行动起来，促使包装研发及生产企业在包装产品的研发、设计、生产、使用及回收处理的每个环节中都注重对环境的影响，达到预防污染、保护环境和增加效益的目的。

2. 确立并完善相关法规及标准

我国于 1993 年制定并通过《国家国际标准化法》《国家产品质量法》《定量包装商品计量监督规定》等法规，对规范产品包装的生产、流通、销售和保护消费者权益等提供了重要的法律依据，并以其独特的强制性逐步加大实施绿色包装的力度；1989 年出台的《中华人民共和国环境保护法》规定产品在生产、加工、包装、运输、储存、销售过程中应防止污染，生产、储存、运输、销售、使用有毒化学物品和含有放射性物质的物品，必须遵守国家有关规定以防止环境污染；2005 年的《中华人民共和国固体废物污染环境防治法》对产品和包装物的回收处理做出了一系列规定。尽管如此，有关包装的法律、法规依然不够完善，例如：随着科技的进步和包装材料及包装技术的不断更新，部分法律法规已经不再适应现代包装行业的发展，许多发达国家纷纷制定新的绿色包装新法规，又称“绿色贸易壁垒”。因发达国家的科技较为领先，其制定的适用于他们的法规限制了相较于他们落后的国家的包装产品出口，也给我国产品出口带来障碍。在此背景下，中国政府应根据国家发展现状并参考发达国家的绿色包装相关立法出台新法规，通过对坭兴陶产品的体量、坭兴陶产品与包装外壁的间隙、包装层数、包装成本与商品价值的比例等设定限制标准；通过经济手段控制，对不可回收的包装材料收取包装税，可参考比利时对垃圾过量情况的收费，引导消费者选择简易包装；明确坭兴陶产品包装生产者责任及加大处罚力度，规定坭兴陶产品包装生产者负责包装材料的回收处理，使其自主选择易回收利用的包装材料。通过确立和完善国家及地方政府的包装法规及标准，促进坭兴陶产品绿色包装行业的正确发展。

3. 注重包装设计专业教育

由于我国包装设计行业的专业程度普遍偏低，多数包装从业者的知识结构不全面，缺少多学科交叉培养的学习经历，缺乏对国际包装行业标准的了解和对包装设计行业未来发展方向的把控，使得我国包装设计行业不能满足现代社会经济发展及经济全球化的要求。二十一世纪的商业竞争即人才的竞争，人才是现代社会发展的重要组成部分，绿色包装方

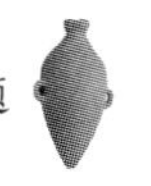

法是否能成功地融入坭兴陶产品包装设计并导入社会生活，与包装设计专业人才的教育培养有着密切的关系。包装设计专业教育可从两方面着手：一是积极推进绿色包装设计的教育改革，使绿色包装设计教育与绿色设计的理论内容相符合，让包装设计专业学员有针对性地学习，将教学与实践内容紧密结合，并根据不同学员的实际水平及接受能力，由表层文化向深层文化逐步推进，逐步培养学习者的自我研究能力，同时，抓住主流、前沿、有发展的观点，益于学生掌握绿色包装的本质内涵，从教育着手，培养具有绿色包装设计理念和相关专业知识的包装设计专业人才；二是提高现有包装设计人员的绿色包装专业知识及个人素养，坭兴陶绿色包装设计能否成功导入社会，与设计师的个人能力有密切关系，设计师应注重对本土文化的理解，提升个人素养，并及时提升自己的设计能力。

4. 提升绿色消费意识

绿色消费意识的提升是面向广大消费者的，消费者作为“上帝”主宰着产品作为商品在市场上流通的终端命运。但消费大众的绿色消费意识不强，是坭兴陶产品绿色包装设计面临的问题之一，通过政府部门、生产企业及设计、教育等各组织机构的协同努力，达到提升绿色消费意识的目的：政府通过政策调整传达绿色包装设计理念，加大坭兴陶产品绿色包装宣传力度；坭兴陶生产企业通过各种媒体进行坭兴陶产品绿色包装及企业绿色环保文化的宣传；教育行业通过环保教育影响并改变消费者的消费观念；设计人员通过有效的绿色包装设计方法对坭兴陶产品进行绿色包装设计，潜移默化地影响消费者的消费意识和绿色消费欲望。

坭兴陶产品绿色包装设计方法的导入涉及社会各个层面，只有多管齐下，才能有效地将绿色包装设计理念导入社会各个角落，为人们的生活环境降低能耗，减少污染，提高并保障人类从精神生活到物质生活的优质和绿色。

三、走陶瓷本土包装设计之路

随着中国经济的快速发展及消费市场的繁荣，现代消费已不再仅仅停留在购买活动本身，而是上升为一种社会文化现象。消费的档次、样式、色彩等选择也体现出消费者的更高层次的品位要求。人们在对于“西风”“和风”以及“韩风”的追逐日渐理性之时，对挖掘中国传统元素并将其应用于产品陶瓷包装设计投入了越来越多的关注，“中国风”陶瓷包装也日渐受到人们的青睐。对中国的设计界与企业界来说，如何设计出“中国风”产品并将其成功地推向市场已成为企业在国内、国际竞争的重要设计战略。

“中国风”的陶瓷包装具有经济活动和文化意识的双重性质，它不仅是获取经济效益的竞争手段，也是商品陶瓷包装企业文化价值的体现。这也要求我们的陶瓷包装设计要形成一种中国精神和具有识别性的独特气质，而不是表面化地图解传统和生搬硬套地设计应用。一味沉溺于传统符号的表层会使我们迷失在昨天和今天的断层之中，不利于我们在陶瓷包装设计领域真正实现由“制造”到“创造”的本质性转变。

（一）“中国风”陶瓷包装设计的形象语言

陶瓷包装设计活动本身离不开相应社会价值观念的约束，它根植于一个民族的处世态度和生存哲学之中。“中国风”陶瓷包装设计在其形成和发展过程当中也具备了自身特有的形式和语言。

1. 产品名称

取个好名字，为的是图个吉利，这是我们每个人共有的心理需求。具体到产品陶瓷包装上讲，其名称的设计要与产品特征、属性相结合，绝不能生搬硬套。如：国内的金六福、美的、汇源、娃哈哈、农夫山泉等商品名称，都能使人产生一种美好的联想和回味，在一定程度上也加深了消费者对产品的印象。

2. 造型特点

中国传统造型，一般都是以自然物的基本形态为基础，对其进行概括、提炼和组合，按创作者意图进行选择搭配，并按照形式美的法则加以塑造，以达到圆满、流畅、明丽等优美的效果。现代陶瓷包装设计中，不少陶瓷包装造型从传统造型中汲取营养，来展示其中国风貌。如“酒鬼”酒的陶罐造型，秉承了我国陶土文化的精髓，给人以纯朴敦厚的视觉和心理感受，使“酒鬼”酒拉开了与同类产品的距离，赢得了市场。

3. 材　料

传统陶瓷包装材料的选用以方便、环保为基本准则，如竹篾、木材、植物藤条等等。另外，丝绸、绳线等的使用在“中国风”陶瓷包装设计中显示出特有的功能，它们既能够起到开启、捆扎、点缀画面的作用，还能凸显民族文化特色，拉近与消费者的心理距离（如图 6-1 所示）。

图 6-1　黑盖侧把壶（1 壶 4 杯 1 竹盘）+灰红包

4. 汉　字

书法艺术源远流长，字体变化无穷而整体统一，具有极高的审美价值和艺术特征。书法体汉字在陶瓷包装设计中的使用要体现出设计语言的符号性特征，并遵循以下原则：书写方

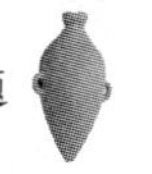

式打破常规；文字处理形象化；设计书法通俗化；设计形式简洁化；细节处理要精彩。

5. 色　彩

中国素来喜爱红、黄两色，这也可以看作中华民族的色彩标签。在民族化陶瓷包装设计的设色上，利用民族习惯的色彩取向以及民间喜爱的色彩作为时间信息、空间信息变迁的载体，移植到陶瓷包装之上，可以强化现代陶瓷包装的时间价值与空间价值，促进商品的文化价值提升。

6. 图　形

我国传统图形因具有鲜明的地域性和民族性特色，可以尽显中华民族个性。我们要汲取传统图形营养，首先要以切合陶瓷包装设计主题为前提，可以借用相应的具有象征意义的传统图形来表达某种意趣、情感，或是把传统图形的某些元素进行转化、重构，再或将传统的设计手法渗透于现代的图形设计之中，使其既富有传统韵味，又具有时代精神（如图 6-2 所示）。

图 6-2　唐丰粗陶茶叶罐

（二）“中国风”陶瓷包装设计的文化特征

陶瓷包装设计风格的形成，除去主观因素的作用，更多地依赖于社会、经济、技术条件以及文化的语境。借助文化分层理论，我们可以深入到风格背后的组织机制、社会形态以及宗教信仰、价值观念的层面，全面探讨陶瓷包装设计风格形成所依存的各种外部条件和支配逻辑。准确地把握中国传统陶瓷包装具有的特征，对于解决正在发展的“中国风”陶瓷包装设计中所出现的某些问题，具有十分重要的借鉴意义。

1. 生活经验驱使

我国传统陶瓷包装从选材的扩大，到工艺的改进，取决于人们对自然界认识水平的提高和科学技术的进步。人们在长期的生产实践中，逐渐认识到自然材料在陶瓷包装中扮演了十分重要的角色，成为中国古代陶瓷包装中主要的用材和形态。与陶瓷包装所使用材料的不断扩大和增多所表现出来的特征相同的是：陶瓷包装制作过程所运用的工艺进步，以及陶瓷包装所发挥的作用、效用，也与人类社会的发展同步。

2. 陶瓷包装简易

我国传统陶瓷包装无论在陶瓷包装的目的、材料的选择、造型的确立，还是在结构的处理上，均以保护商品、便于流通作为目的和宗旨，因而讲求简易、经济、实用。在中国古代，乃至近现代，由于社会经济以自给自足的小农经济作为主要形式，商品经济极不发达。在这种经济背景下，使陶瓷包装在设计的宗旨、风格等方面出现以实用为基调，以保护商品为目的，力求简易、经济和实用。这种实用性表现在选材中，一般是就地取材，不对材料进行深加工；在陶瓷包装物的制作中，无论是内包装，还是外包装，都注重技术上的简单性（如图 6-3 所示）。

图 6–3　双月白茶叶罐

3. 吉祥文化意识传达

传统陶瓷包装虽然不是特别追求造型的独特性和装饰的繁复性，但无论是造型，还是装饰，均深深地根植于中国传统文化之中，无不打上吉祥文化思想的烙印，在很大程度上是吉祥文化思想的物化形态。古代先民通过造物活动来营造吉兆环境和吉兆现象，作为与人们生活密切相关的陶瓷包装，自然也就首先成了营造吉兆环境和吉兆现象的载体。

4. 明显的地域特征

由于受物产的地域差异以及文化差异等因素的影响，传统陶瓷包装的用材与装饰艺术受到发展制约，因而传统陶瓷包装在上述特征的基础上形成了明显的地域差异。

第七章　地方陶瓷包装设计浅论——以广西钦州坭兴陶为例

本章作者就本人在钦州坭兴陶产品包装设计方面的所做所思，进行了相关专题的讨论和论述，希望能抛砖引玉，在陶瓷产品包装设计方面提供一些参考和借鉴。

一、坭兴陶旅游工艺品的包装设计

旅游工艺品是现代旅游经济产业链中的重要一环，它是旅游者的情感寄托所在，是游客和旅游地之间产生联系和回忆的重要载体，对于提升旅游地的知名度和品牌度有着深层次的意义。坭兴陶作为广西钦州的特色旅游纪念品，在广西北部湾大力进行旅游产业开发的背景下，应该积极进行新产品的设计开发和产品包装设计的革新工作。其意义在于：通过精心的调研和设计开发，可以为突破坭兴陶发展的瓶颈提供可能；其产品包装设计研究可以把好、把准坭兴陶旅游产品市场的脉搏，可以提高其产品及包装设计创新的科学性和及时性，促进广西坭兴陶旅游产品产业的发展。

（一）钦州坭兴陶旅游工艺品发展现状

1. 坭兴陶旅游工艺品产品相对单一

钦州坭兴陶产品分为艺术陶和日用陶两部分，其产品品种诸多，如艺术陶产品有花瓶（如图 7-1 所示）、熏鼎、画筒、雕塑摆件、仿古制品等；日用陶有茶具（杯）（如图 7-2 所示）、电饭锅内胆、花盆、咖啡具、餐具、陶罐等。从旅游工艺品的角度来看，因为受到交通、物流、消费习惯等因素的影响，能够让消费者选择的工艺品种类显得相对单一，主要以坭兴陶茶具和简单的小型摆件为主。

图 7-1　坭兴陶花瓶

2. 包装形式单调、装潢设计不考究

作者经过研究发现，坭兴陶旅游工艺品市场发展前景很被看好，但坭兴陶旅游工艺品

图 7-2　坭兴陶茶具

包装设计仍然存在包装形式单调和装潢设计不考究的问题，其包装设计明显无法与市场需求接轨。部分坭兴陶企业也已经意识到目前的产品包装存在问题，并在积极地进行坭兴陶产品包装的改变。我们认为：良好的产品包装设计不仅能够保护产品，解决运输过程中容易出现的问题，更重要的是它能够增加产品的附加值，起到间接的促销作用。对坭兴陶产品包装设计的研究改进，不仅能够解决技术方面的问题，也能为钦州坭兴陶品牌建设提供帮助，对坭兴陶产业的发展也是一种支持和推进。

因此，创新设计坭兴陶旅游工艺品及其产品包装，提高其在行业内的品牌知名度，促进坭兴陶产品销售，已是迫在眉睫亟须解决的问题。对于现代坭兴陶生产企业而言，其旅游工艺品新产品开发及包装设计改革已成为企业市场经营活动的一个重要方面。

（二）钦州坭兴陶旅游工艺品的创新设计探讨

1. 剖析目标旅游人群消费心理

旅游工艺品的目标消费人群是旅游者，是在旅游过程中产生的购买行为的对象，它是需要具有地域文化特征和旅游纪念意义的有形商品。在旅游形式由观光式向深度体验化转变的过程中，旅游工艺品设计者和生产者应该准确把握消费者的心理变化，把自己的产品做得更好，更加符合目标人群的心理需求。从旅游者的心理出发，在旅游地能够买到独特的、能够引起回忆的、具有纪念意义的工艺品往往能激起他们的购买欲，而能否给旅游者带来愉悦的心情又是另外一个重要的因素。

随着旅游业的升温和旅游消费者本身素质的提升，旅游者对旅游工艺品的品质要求有了很大的提升，也更加在意消费体验。所以，旅游工艺品设计的内容和形式创新就显得格外重要。

2. 增加坭兴陶工艺品品类

一般而言，针对目标消费群体的不同，旅游工艺品分为基础档、中档和高端产品三类。第一层为基础档，即价格便宜、体积小巧、批量生产、种类繁多、色彩鲜亮、趣味时尚、老少咸宜的产品，约占总量的 60%；第二层为中档，目标是锁定中产游客群，工艺品用材讲究、设计精美、制作复杂，具有一定的收藏价值，约占总量的 30%；第三层为高端产品，多体现高超的手工技艺或高科技含量，具有升值潜力，且价格昂贵，以适应部分旅游者的需求。针对钦州坭兴陶工艺品，我们认为，在层次划分上应该更为细化，突出工艺品的艺术性和唯一性，在开发基础档产品的基础上加大中档产品的设计研发力度，同时要逐步进行高端旅游工艺品的设计和制作，以细分市场。

3. 突出广西地域文化元素

旅游工艺品的本质特征是地方特色，或称地方性。它具有一种地域性的相对优势，也是使旅游者产生吸引力和购买欲望的直接原因。诸如“目的地有哪些地方特色”“如何将无形的地方特色融入有形商品之中”等问题，无疑是旅游工艺品设计研究十分值得深入的领域。广西壮锦、铜鼓、桂林山水等地域文化元素如何与钦州坭兴陶工艺品建立联系，将是坭兴陶旅游工艺品设计的方向所在，也是吸引旅游消费的重要文化因子（如图 7-3 所示）。

图 7–3 坭兴陶铜鼓茶具

4. 避免工艺品设计形式的同质化

如今的游客对旅游工艺品的品牌和地域特色，日益表现出正面的需求，已不再人云亦云、跟风式地消费。所以，一定要对消费者的需求进行分析和满足，使自己的旅游工艺品显示出差异化和品质化，才能激发消费者的购买欲，使其拥有愉悦的消费心理。这就需要我们在设计概念方面进行创新，在设计形式上进行改变，要拒绝简单复制和对原创性设计的忽视。

（三）钦州坭兴陶旅游工艺品的包装设计创新

钦州坭兴陶属于易碎品范畴，其包装设计首先要保证其保护功能，同时在结构形式和装潢设计上做到新颖别致，才能够满足现代旅游消费者的需求。而坭兴陶旅游工艺品作为具有地域文化特征和旅游纪念意义的有形商品，有着其他商品无法比拟的文化内涵。因此，其包装设计在突破常规，强调对自然、健康、环保的绿色设计的追求的基础上，还应体现地方民俗文化，注重特定的自然与人文环境的表达。

1. 包装材料的环保性

现代包装设计的材料没有绝对的环保，我们要强调的是要选用合适的和方便回收循环使用的包装材料。以坭兴陶茶具为例，我们建议使用瓦楞纸和珍珠棉（做内部缓冲所用）等，一方面易于成型，另一方面也可以为包装装潢设计提供更多的设计可能性。诸如市面上流行的泡沫等包装材料，无论从环保的角度还是美观的角度，都不适合用于旅游工艺品包装。作为旅游工艺品的生产企业和包装设计师，应该从源头上进行把控，杜绝非环保包装材料的使用。

2. 包装结构设计的安全性

钦州坭兴陶工艺品属于易碎品，其携带具有不方便性，这就对其包装结构设计提出了较高的要求。我们认为：包装结构设计的安全性除了来自包装材料本身的保护以外，应该在内部的结构方面给予更多的关注。如粘贴式纸盒（箱）内部结构应该进行空间区域划分，使得产品各自具有独立的空间，不会因相互碰撞而致损坏，也避免了因包装填充物所造成的浪费与污染；再如折叠式纸盒，应在包装材料的硬度和厚度符合要求的情况下依据产品造型选择合理的结构形式（如手链、项链选用曲面造型的包装盒，小件挂饰可选用天盖地式包装盒等）以表达坭兴陶工艺品手工艺的细腻与精湛，减小包装体积，节省包装材料。

3. 包装装潢设计的品牌化

以旅游消费需求为中心，以品牌塑造和文化远见为导向，用有限的成本去创造更大的价值，才是旅游商品包装的可行之道。而要创造更高的“价值”，其核心在于设计。包装装潢设计对于产品品牌化的建立可以说起着至关重要的作用。就坭兴陶工艺品包装装潢设计而言，应注重产品包装材料与图形语言的结合，注重钦州地域文化特色及其民族文化元素在产品包装上的体现，这种结合与体现绝不是简单的描摹，而应透过外在形式把握其精神内涵，并将这种内涵转化为设计形式体现在坭兴陶旅游工艺品包装中。同时，要通过企业品牌标志、形象色、系列化的包装形式打造自身品牌，借助文字、图形、色彩等有形元素并结合现代版式编排设计，构建企业自身的独有视觉形象，突出自身品牌的优势，让坭兴陶工艺品真正走上品牌化的道路。

4. 坭兴陶工艺品包装设计方案

本着以上设计原则，笔者尝试着为钦州坭兴陶茶具和手链等工艺品设计了系列化的包

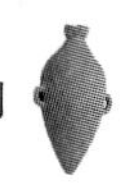

装形式，在保持基本的包装保护功能的基础上，突出其产品的文化性和地域性，希望可以作为钦州兴陶旅游工艺品包装设计的一种参考。

如钦州“陶器匠”坭兴陶茶具系列化包装设计。其在结构方面采用的是传统的天盖地式包装盒结构，椭圆形图形的合理变化使用是本包装设计作品的一个亮点；在色彩方面采用具有海洋气息的蓝色（C87，M75，Y48，K11）作为包装的主色调，突出钦州的地域环境，搭配黑色的文字，与底色白色从明度上形成强烈的对比；作为品牌名称的“陶器匠”三个字则采用断笔与连笔的设计手法强调了品牌名的艺术性与整体性，并作为产品标识出现在包装盒的主要展示面，既是对包装装潢设计中图形元素的一个主要补充，也是对企业品牌形象的推广与强调。

再如钦州“小造”坭兴陶旅游工艺品的系列化包装设计。其采用黏贴纸盒配以旋转轴的形式，通过拉动红色丝扣，使包装盒的白色部分围绕红色的圆进行旋转，而被包装物也是在旋转的过程中一点点显现出来的；色彩方面，则采用了火热的红色（C0，M100，Y80，K20）作为包装的主色调，寓意坭兴陶产品在烧制过程中历经千锤百炼、浴火涅槃，将多彩的窑变过程最终呈现在世人眼前，搭配同色系的丝线扣与黑色的装饰图案，与底色白色共同构成简洁明了的色彩空间；装饰图案则选择了独具壮族特色的壮锦纹饰，它采用回纹、万字纹和水波纹等几何纹样与自然物象以二方连续的形式进行或曲或直的延续，均衡且富于变化；品牌名“小造”则采用中国传统书法，从空间上进行有机结合，使之成为一个整体，并作为产品标识以反白的形式出现在包装盒的红色圆底上，在风格上与装饰图案形成统一；将传统的书法、具有民族特色的壮锦纹饰及说明性的文字进行现代的版式编排设计，在富含传统元素的意境中流露出现代气息。

总而言之，通过分析、比较和设计实验，我们可以得知：钦州坭兴陶工艺品的设计内涵和外延有着极大的可能性和可操作性，附之以合理的包装设计外衣，相信它一定会在北部湾地区旅游市场占有更大的份额。

二、基于虚拟现实增强技术的坭兴陶产品包装设计

（一）虚拟现实增强技术的概念与特征

虚拟现实（Virtual Reality，简称 VR）是高度交叉的综合学科领域，它采用计算机技术人工构建集视觉、听觉、触觉为一体的三维虚拟环境，用户需借助特定设备与虚拟环境中的对象交互影响，产生亲临真实环境的感受和体验，扩展人类认识、模拟和适应世界的能力，具有沉浸性（Immersion）、交互性（Interaction）、构想性（Imagination）等特性，在交互体验、工业设计、仿真训练等领域解决了重大问题，但普遍存在建模工作量大、模拟成本高以及与现实匹配程度不够等问题。针对此问题，出现了将虚拟与现实环境相匹配的多种虚拟现实增强技术（Mixed and Augmented Reality，简称 MAR），其中将虚拟对象叠加到真实环境中的为增强现实（Augmented Reality，简称 AR），即“实中有虚”，而将真实对象叠加到虚拟环境中的为增强虚拟环境（Augmented virtual environment），即“虚中有实”。这种基于计算机的显示与交互、网络的跟踪与定位等技术，以相机采集现实场景或对象，并将现实场景与对象和虚拟对象与环境进行匹配合成的新兴技术，大幅降低三维建模与渲染工作量的同时，给受众在视觉、听觉、触觉等方面带来强烈真实感和临场体验

感，它具有虚实结合、实时交互和三维配准等三大特点，在军事、工业、医疗、教育、市政、旅游、电子商务、展览、游戏等领域均有良好的表现及应用前景。

（二）虚拟现实增强技术在包装设计中的应用现状

虚拟现实增强技术在平面设计领域发展迅速，近年来，国内外产品包装逐渐出现虚拟现实增强技术的影子：荷兰飞天农场将增强现实技术融入其产品包装，消费者通过平板电脑或智能手机即可观看其生动、独特的品牌内容，这一技术的应用给世界各地的产品及包装提供了设计思路；2016 年 3 月 5 日，麦当劳瑞士地区推出特别版 Google Cardboard 的虚拟现实“开心眼镜（Happy Goggles）”，它由开心乐园套餐餐盒制作而成：消费者需要打开餐盒，沿预设线撕开盒子并重新折叠后放入内附镜片，简单独特的 Google Cardboard 虚拟现实“开心眼镜”就制作完毕，只要放入手机并配合配套的游戏应用，即可获得惊艳的虚拟现实体验；作为竞争对手的肯德基也在里约奥运会的狂热风潮中推出购买“WOW 桶”免费送肯德基定制版本的 Google Cardboard VR 眼镜活动，让消费者在享受炸鸡可乐的同时观看 VR 奥运视频；可口可乐推出的 12 瓶装可乐包装，消费者只需切口纸板的尖锐物并少量施胶即可自己 DIY 一部 VR 眼睛；DIGEC NINE 产品包装是让消费者通过扫描瓶身标签，获取产品品牌及其视觉形象识别信息；美国啤酒品牌 Blue Moon 亦是扫描酒瓶瓶贴，通过视频了解产品的营养成分及制作过程；亨氏番茄酱（HEINZ LASAGNE）还是通过对瓶贴的扫描获取属于消费者自己的食谱（your recipe book）及美食制作过程视频；世界名酒施格兰（Seagram's）通过扫描不同口味的金酒瓶贴，获取对应的金酒制作食谱或制作视频。通过以上对虚拟现实包装案例的介绍，我们发现其共性为皆离不开智能手机或平板电脑，实质上就是图像采集设备（摄像头）和显示设备（屏幕）。

（三）基于虚拟现实增强技术的坭兴陶产品包装设计的优势分析

现代包装设计是基于包装材料通过塑造实物的包装构想，在保护产品的基础上对产品的运输、分配、仓储、销售起促进作用，传递产品信息、体现产品特色并提供产品身份识别目的的创造性活动[4]。传统的坭兴陶产品包装的功能主要体现在产品保护、品牌识别、信息传达等方面，对于识别产品品牌、传达品牌信息、宣传品牌形象等方面效果甚微，对于强化品牌印象和提高用户体验更是无从谈起。通过虚拟现实增强技术与坭兴陶产品包装设计合体，实现数字信息和包装实体的匹配叠加，增强坭兴陶产品传统包装的信息量及消费者参与体验产品包装的交互性行为。

1. 改变阅读方式，加强消费者对坭兴陶产品功能及使用方式的理解

传统的坭兴陶产品包装往往通过说明书等形式进行产品功能和使用方式的展示与介绍，表达形式单一、抽象且难以理解。如使用虚拟现实增强技术通过音频、视频、动画等数字媒体对展示坭兴陶产品特性、阐述坭兴陶产品功能、演示日用坭兴陶使用方法等内容进行增强，便可在加强消费者理解的同时提高坭兴陶产品吸引力。

2. 提高消费者与产品包装的互动，增强消费者对坭兴陶产品品牌的印象

第二部分所述的荷兰飞天农场产品包装、DIGEC NINE 包装、美国啤酒品牌 Blue Moon

包装、亨氏番茄酱（HEINZ LASAGNE）包装、世界名酒施格兰（Seagram's）包装等皆采用虚拟现实增强技术使产品包装以丰富的形式实现友好的交互设计，麦当劳、肯德基、可口可乐则是通过让消费者自己动手的方式对产品包装进行改造，制作基于 Google Cardboard 专利技术的虚拟现实眼镜，实现消费者与产品包装间的互动，坭兴陶产品包装亦可通过设计增强用户体验，达到强化品牌印象的目的。

3. 吸引增强技术爱好者，扩大坭兴陶产品目标消费群体

物质水平的不断提高促使人们消费观念发生较大变化，时尚、个性的产品越来越受到消费者的青睐。受市场竞争和技术进步的影响，优秀、成功的产品包装设计越来越离不开对新知识的获取和对新技术的应用。传统的坭兴陶产品消费群体一般固定在“真文人、假风雅”等对传统文化具有或多或少追求的人们身上，同时由于大众对陶瓷文化传统的偏颇见解，导致多数人对坭兴陶的了解与接受显得不够积极与主动，从而导致部分消费者流失。基于虚拟现实增强技术的坭兴陶产品包装设计在有针对性地展示产品信息，设计友好用户体验应用的基础上，迎合部分消费者猎奇心理并满足其个性化消费需求，扩大坭兴陶产品的目标消费群体，也为目前固定的消费群体提供全新的消费体验。

4. 简化包装实物信息，为坭兴陶产品包装设计创意提供更广阔自由的想象空间

传统包装为实现传递产品信息的目的，往往需添加纸质产品说明书或通过占用包装展示面较大空间来进行文字性说明，这给包装设计人员在进行包装装潢设计时带来了较大的局限性，基于虚拟现实增强技术的坭兴陶产品包装设计一方面将产品信息与产品实物进行交集运算并以虚拟数字的形式作动态呈现，简化包装实物信息，活跃设计思维，激发更多创作灵感，为坭兴陶产品包装设计创意提供更广阔自由的想象空间；另一方面，基于虚拟现实增强技术的“再现客观真实性”，包装设计师可随时将虚拟包装与真实产品进行匹配，以及时发现并解决设计过程中存在的缺陷与不足，同时这种“再现客观真实性”也为设计师提供了用虚拟包装与委托方进行沟通的方式，提高设计效率，缩短设计周期。这种简化包装实物信息、降低印刷材料、提高设计效率、缩短设计周期的包装设计行为在有形与无形当中践行了绿色包装原则，符合现代包装设计新理念。

（四）基于虚拟现实增强技术的坭兴陶产品包装设计

由第二部分虚拟现实增强技术在包装设计中的应用现状可看出，目前在产品包装设计中融入虚拟现实增强技术还仅仅是少部分国际知名品牌尝试性的小规模应用，在国外还未全面普及，而国内还未出现较完整、系统的原创虚拟现实增强技术产品包装。笔者深知，任何技术的出现都需要经历从萌发、生长到成熟、衰退的生命周期，而虚拟现实增强技术目前正处于其生命周期的初期阶段，笔者相信，随着人类社会的不断进步和科学技术的不断发展，虚拟现实增强技术会如同我们今天所用的手机、乘坐的电梯等常规事物及现象一样出现在我们生活的各方面。本着对虚拟现实增强技术的好奇及对坭兴陶产品的热爱和对坭兴陶产品包装设计的拙见，作者分别从包装的生产周期和包装的销售及使用周期两个方面对坭兴陶产品包装进行虚拟现实增强技术的应用设想，以期为坭兴陶产品包装设计发展方向提供新的思考。

1. 包装的设计生产周期中融入虚拟现实增强技术

产品包装设计过程是结合艺术与技术的三维立体的物态呈现，优秀的包装设计能有效保护产品、准确完整地传递委托方欲传递的信息、符合现代包装设计绿色环保理念并最大限度地为委托方节省开支，这是包装设计师严苛却又必须要完成的任务。将虚拟现实增强技术融入坭兴陶产品包装设计过程，以高阻尼的接触模型模拟坭兴陶产品的冲击反馈，以硬度可变的接触模型模拟坭兴陶产品与包装材料的碰撞过程，通过解析其冲量和接触力来分析加速度、摩擦力和接触力的关系，设计基于包装材料刚性和韧性的缓冲结构，设计师通过佩戴头戴式与手持式虚拟增强设备在真实世界进行虚拟三维空间的包装结构的设计与测绘工作，并以增强虚拟环境（Augmented virtual environment，即“虚中有实”）的技术方法，使绘制的虚拟包装与坭兴陶实物产生不同深度的插入，以确保高精确的交互与遮挡关系。另外，以桌面式虚拟增强设备配合全息摄像头和投影设备，结合虚拟现实技术“再现客观真实性”的特点，达成裸眼 3D 的虚拟现实增强效果，更利于设计师与委托方就设计原理和设计效果的沟通和交流。

2. 包装的销售及使用周期中融入虚拟现实增强技术

包装被生产、使用并置于货架上的那一刻，就被赋予了吸引消费者注意、传递商品信息、引起受众好感、促进产品销售的使命。融入虚拟现实增强技术坭兴陶产品包装需要消费者使用手持式（智能手机）虚拟现实增强设备，即可体验基于图片标识跟踪技术的虚拟现实效果：通过网页、视频、动画等数字媒体，在虚拟现实中了解坭兴陶产品使用与养护方法，并接受基于茶文化的传统礼仪与艺术熏陶。另外，使用增强现实（Augmented Reality，即“实中有虚”）技术，将设计师前期设计好的虚拟形象通过手持式虚拟增强设备（智能手机）与真实世界进行匹配，参与坭兴陶产品制作与烧制过程。对于使用折叠纸盒的坭兴陶产品包装，通过裁切与折叠预设裁切线和折叠线，动手制作手持式或头戴式虚拟增强设备，让消费者在虚拟现实之外的真实世界与包装产生交互，避免纯粹展示技术与超载传递信息的数字设计。从用户体验的视角，进行从虚拟到现实的交互式坭兴陶产品增强现实技术的包装设计创新实践。

（五）结语

互联网的发展和普及与低成本元件的出现、电脑三维处理能力的提高，使虚拟现实增强技术的开发与应用飞速发展，也逐渐改变了人们的日常行为方式与消费模式，将虚拟现实增强技术与坭兴陶产品包装融合，创造了有别于传统的全新包装形式，为审美情趣日益提高的消费者带来非传统的感官与交互体验，为国内产品包装行业转型发展作先驱表率，也将坭兴陶企业品牌发展推向新的历程。

三、文化转译视域下的钦州坭兴陶茶具包装设计

（一）坭兴陶茶具及产品包装概述

坭兴陶古朴典雅、历史悠久，受国人饮茶习惯及茶文化的影响，作为钦州地方特色产

品的坭兴陶茶具，深受两广文人墨客的偏爱，但其产业发展在近现代历史中较为尴尬。随着北部湾经济区的提出和发展，加上钦州市政府的着力推介及坭兴艺人与陶瓷学者的积极参与，坭兴陶产品名称在业界逐渐获得好评，但与同居中国四大名陶行列的宜兴紫砂陶相比，坭兴陶在品牌建设及形象塑造方面还有较大差距。

坭兴陶茶具属于易碎品，其包装涉及物理学、材料学、经济学、美学、心理学、设计艺术学等学科，需依据陶瓷产品的形态及属性采用相应的包装材料，根据特定的设计要求，创造新的包装实体，它既要服从于陶瓷商品的储运条件和销售方式的需要，又要与商品有机结合为一个完美的整体。钦州坭兴陶茶具属地方特色产品，兼具地域特色和民族文化特征，其包装设计也应吸收海涵钦州乃至广西本土的地域特征、历史文化、民间艺术、民俗民风和社会生产方式等文化形式特征，从文化转译视角，开发具有较强地域可辨性的坭兴陶茶具包装设计，以提升坭兴陶茶具的魅力价值，加强坭兴陶茶具在陶瓷行业中的独特地位。

（二）对坭兴陶茶具包装中文化转译的理解

现代包装设计是将材料、形状、结构、颜色、图形、文字、排版式样及其他辅助设计元素与产品信息结合起来，从而使产品更适于市场销售的创造性活动。包装的目的是对被包装物进行运输、分配和仓储，为其提供保护并在市场上标示产品身份和体现产品特色：一方面能保护被包装物的形态、质量、性能，并能方便开启使用、生产加工、仓储保管、信息识别、陈列展示与包装废弃物的分类回收等；另一方面能体现产品的文化品位，增加商品附加值，体现企业的品牌信誉与当地的地域文化和民俗风貌，改变人们的生活方式且能保护生态环境等。

坭兴陶茶具包装作为文化转译的载体，不是对文化进行简单的传输和转移，而是在转译的过程中如同一系列折射现象，将原有的文化与新的文化打开、接纳、重构成新的形式，并产生新的意义，而最终传达给受众的，是为实现对被包装物的保护功能而选用的包装材料、以包装材料为载体所呈现出的包装形态、依据包装形态设计出的包装装潢等物质实体和通过物质实体传达给受众的精神愉悦。而文化转译视域下的钦州坭兴陶茶具包装是以上述物质的和精神的信息传达为基础，向受众转译为塑造企业形象而策划、设计的统一的图形、色彩、文字、文案等品牌文化，及为满足保护生态环境所进行的一系列的关于绿色包装设计行为；通过包装形态和包装装潢传达出的被设计师挖掘、整理并重新设计的视觉化的地域特色文化；通过包装材料、包装形态及包装色彩和文字的配置，塑造的崇尚自然、回归自然的“和、敬、清、寂”的茶道文化等。由此可见，探讨关于文化转译视域下的坭兴陶茶具包装，可为坭兴陶茶具包装实体的设计研究提供基本参照。

（三）文化转译在钦州坭兴陶茶具包装中的表现形式

1. 基于品牌文化，研发适合的独特包装形式

对于消费者来讲，最有力的品牌辨识度莫过于独特的产品包装形式。研发适合本品牌的独特包装形式，并保持该品牌旗下各系列坭兴陶茶具包装的独特性与同一性，对于坭兴

陶企业品牌形象的建立、塑造、推广和发展，并在同类产品中具备有效的身份识别起重要作用。

2. 基于绿色包装原则，研发低碳、可持续性的包装形式

在进行坭兴陶茶具包装设计之初，应考虑在其生命周期中提高资源使用率，增加循环使用功能，降低包装废弃物的产生，实现对生态的保护。研发低碳、可持续的坭兴陶茶具包装形式体现在以下几个方面。

（1）选择可回收、可降解、无污染的包装材料；

（2）在完成合适的包装结构及尺寸大小的前提下尽量减少包装材料的使用；

（3）设计供消费者循环使用的包装形式，在循环使用中减少包装废弃物的产生，降低环境污染；

（4）减少或降低包装印刷材料的用量，且尽量使用环保颜料。

3. 基于现代科技文化，引入智能包装技术

传统的商品外包装，需要标识商品的品牌名称、产品规格、成分含量、烧制温度、使用说明、生产企业、生产日期等常规信息，如此繁多的文字信息无疑给包装装潢设计带来较大局限，在包装印刷阶段，也增加了印刷材料的用量。随着科技的发展，智能手机、互联网等早已深入人们生活的各个方面，若在坭兴陶茶具包装中引入智能包装技术，并以智能手机、互联网予以读取：如通过 QR 二维快速反应码，追溯坭兴陶茶具的生产企业、品牌文化、产品种类等信息；通过 RFID 标签附着在坭兴陶茶具包装上，让消费者在近距离内无须用手机进行光学扫描接触，便能够通过无线射频识别获取坭兴陶茶具的相关信息等。通过上述智能包装技术的引进，将给坭兴陶茶具包装装潢的突破及创新提供更多的可能，给坭兴陶产业的发展带来意想不到的革新。

4. 基于地域文化，设计具有广西地域及民族特色的包装形态

钦州地处南海之滨，是广西最早受到外来文化影响的地区，聚居壮、汉、瑶、苗、侗、仫佬、毛南、回、京、彝、水、仡佬等多个民族。在中原文化的主导下，源远流长的壮文化和其他民族文化在与外来文化的相互影响下同生共进，形成独具广西民族传统特色的地方文化，并鲜明地表现在人们的行为方式和社会生产方式中。坭兴陶茶具作为广西民俗文化的产物，其包装应体现广西地域及民族文化特征，此种体现不应停留在表层文化元素图式特征的模拟与展示，更应对文化精神进行深层探究，并将此文化精神贯穿在包装理念树立、包装材料选择、包装形态塑造、包装结构创新以及包装装潢设计的整个过程中。

（四）文化转译视域下的钦州坭兴陶茶具包装设计

文化转译视域下的坭兴陶茶具包装设计应在充分尊重坭兴陶茶具特性、地域特征和消费需求的前提下，依据第二部分即文化转译在钦州坭兴陶茶具包装中的表现形式，设计出理念绿色环保，结构科学合理，能够体现广西地域及民族文化特色的现代包装实体。“布陶”是笔者本着对坭兴陶茶具的热爱和对其包装设计的些许见解，在文化转译视域下为钦州坭兴陶茶具设计的实验性的系列化包装形式，在满足包装保护功能的基础上，尽可能凸

显坭兴陶茶具本体及承载于坭兴陶茶具实体的文化意蕴，并将此意蕴以文化转译的形式呈现，希望为坭兴陶茶具包装设计发展思路提供参考。

1. 生态文化的转译

“布陶”坭兴陶茶具包装，选择了瓦楞纸板、牛皮纸、半透明粗纤维和纸、棉麻布等包装材料。一方面，所选纸张和纸板易于降解，亦可循环使用；另一方面，棉麻布材质的居士袋形式的手提袋和展开后即成茶巾的茶杯卷布、茶壶套，不仅降低包装废弃物的产生，还为消费者在以后的使用中提供方便；第三方面，包装内部以手揉半透明粗纤维和纸的本色与肌理进行装饰，作为内包装的棉麻材质的茶壶套以刺绣工艺呈现装饰图案和品牌名称，只有外包装瓦楞纸盒外包裹的牛皮纸上印刷了必要的图形、文字等产品信息，避免了大量印刷颜料的使用和不必要的人工浪费，以达到低碳、环保的目的。

2. 茶文化的转译

“布陶”坭兴陶茶具包装，从材质的选择（牛皮纸、棉麻布）到色彩的搭配，以及包装形态的设计：外包装瓦楞纸盒与盒外包裹的牛皮纸的卡其灰色，居士袋形式的手提袋的浅咖色，牛皮纸上印刷的品牌标识与其他产品信息的褐色，内包装棉麻布的茶壶套和茶杯卷布本身的淡绿灰，以及茶壶套侧缝中缝制的白图灰底的品牌标签和茶杯卷布上刺绣的白色品牌图章，无不传达出对大自然的热爱和对亲近自然、回归自然的强烈渴望，从包装的物质层面遵循“天人合一”的哲学思想，树立崇尚自然、朴素、归真的美学理念和具有唐宋遗风的“和、敬、清、寂”的茶道基本精神。

3. 人本文化的转译

作为产品一部分的包装实体，在消费者购买商品时已经为其买单，而现实生活中有不少看似精美的包装，在完成商品交易后成为废弃物，这不仅给环境增加负担，也给消费者造成浪费。“布陶”坭兴陶茶具包装设计让外包装的手提袋以居士袋的形式出现，内包装分别以茶壶套和茶杯卷布（展开后即成茶巾）的形式参与到坭兴陶茶具包装设计中，也参与到消费者日后对坭兴陶茶具的使用过程中，这不仅为茶壶主人提供方便，而且良好的材质与精湛的制作工艺以及“布陶”包装实体所呈现出的自然、朴素、归真的美学理念也为其主人的饮茶品质提供保障，并营造清静、恬淡、寂寞、无为的饮茶及修行环境，使其获得心理和精神上的升华。

4. 品牌文化的转译

在商场、超市的茶具专卖区域充斥着各种品牌的同类或相似的茶具产品，这些具有地域特色且制作精良的陶瓷茶具，其包装设计虽有高端大气之作，但大部分因为缺乏个性而不易于品牌的识别。基于此，“布陶”坭兴陶茶具包装从材质的自然性，形态的人本性，色彩的朴素性、图形的地域性和文字的民族性等方面强化产品的文化特征和地域特色，加上外形酷似茶杯的二维码的独特设计，诠释了用心的茶具包装设计应该具备的特质。在给该品牌旗下的不同系列茶具产品赋予个性的同时，统一品牌共性，让被包装的坭兴陶茶具与其他同类产品划清界限，为产品品牌的提升做足准备，又为日后与消费者长期的接触中强化品牌印象创造条件。

5. 地域文化的转译

"布陶"坭兴陶茶具包装的内包装，即茶壶套底部、茶杯卷布（茶巾）尾端，外包装的瓦楞纸盒外包裹的牛皮纸的上下部和居士袋形式的手提袋的下方，或以刺绣，或以印刷呈现的图案，皆选择了具有广西地域及民俗特色的壮锦绣样，回纹、水波纹、小万子、团花，以及广西民间生产劳作和节日风俗等情景定格，以多元、多向、多角度的思维模式展开对以上图像或抽象或具象的艺术表现形式，这种既可求其观，又能别贵贱的壮锦图样和绣法，以及以书法图章为品牌标识的艺术形式，满溢着浓浓的地域文化和本土文化，增添了坭兴陶茶具的历史厚重感，而包装本身也无不流露着与人的亲切和自然，从情感上满足消费者的需要。

6. 结 语

坭兴陶茶具的宣传与推广承载着增加地方文化知名度、促进地方经济发展等重任。面对坭兴陶茶具包装表现形式单一、品牌意识不足、缺乏产品文化特征与地域特色等现状，"布陶"坭兴陶茶具包装从产品属性、品牌推广、消费群体定位及销售终端特性等多方考虑，紧抓坭兴陶茶具本质特征，深挖坭兴陶茶具文化意蕴与本土特色，在具备保护产品、便于储存、方便运输、促进销售等包装基本功能的同时，通过包装转译绿色包装原则的生态文化，与茶具紧密关联的茶道文化，以人为本的人本文化，包装灵魂的品牌文化和孕育坭兴陶茶具的地域文化等。期望通过文化转译视域下的钦州坭兴陶茶具包装设计，与同道人士做专业层面的探讨，同时期望此探讨结果可为坭兴陶茶具包装设计的发展方向提供思路。

四、钦州坭兴陶茶具的生产性保护探究

我国是传统的茶文化大国，在长期的饮茶历史过程中，形成了一系列以茶为基础的文化元素，在整个茶文化体系中，不仅包含丰富的文化理念，同时也包含着体系化的物质元素，比如与茶相关的饮茶工具等等，就是整个茶文化体系中的重要要素。当然整个茶具产品在应用过程中，也经历了一系列变化，尤其是随着陶瓷技术应用的不断成熟，茶具的生产材料及生产工艺也得到了实质性的提升。当然，受各个地区生产材料和应用技术的影响，也形成了具有地方特色的茶具产品，钦州坭兴陶茶具就是其中最为典型的代表之一。

（一）钦州坭兴陶茶具的发展历史及状况分析

钦州坭兴陶茶具产自广西钦州地区，这里不仅有着悠久的茶文化历史，同时也是陶瓷技术发展和应用较为成熟的地区，而钦州坭兴陶茶具从出现到形成再到发展，已经有几千年的历史。目前这一茶具艺术也被认定为我国的非物质文化遗产，由此可见该茶具的历史地位。当然，在钦州坭兴陶茶具传承的过程中，想要实现理想的传承效果，需要认识到其关键在于对其生产材料的品质选择进行优化，当然除了材料上的研发创新外，还要充分注重对其设计理念和具体设计技术进行创新突破，从而实现最佳的设计效果。

我国是传统的茶文化大国，在整个饮茶历史中，又在各个茶叶产地形成了一系列相关的地域文化内涵，在人类文明发展史上，文化是人独立意识的重要表现，同时也是人类社会成熟发展的客观诠释。而茶具等实际上就是整个茶文化传承的载体和基础，因此通过有

效创新和系统化完善，必然能够实现最佳应用效果。

（二）当前钦州坭兴陶茶具在生产传承过程中存在的问题和不足

事实上，钦州坭兴陶茶具不仅是一种文化载体，同时还是一种重要的价值传承要素，而且还是我国茶具生产历史中的重要因素，可是客观地看，当前钦州坭兴陶茶具在生产传承过程中存在较大的压力，整个茶具未能实现系统化的传承发展，甚至在现代饮茶工具出现，并且应用日益成熟的今天，钦州坭兴陶茶具仍然面临严重的传承危机和压力。

系统地看钦州坭兴陶茶具在生产传承过程中遭遇的主要问题和不足，有如下表现：首先，整个钦州坭兴陶茶具在生产过程中，缺乏使用素材和技术的创新发展，尤其是未能将现代化学合成材料技术与整个茶具生产技术相融合，从而大大限制了整个钦州坭兴陶茶具的生产效果。而且随着人们对健康养生重视程度的日益提升，如今人们对饮茶活动有着更大的兴趣，但是人们对饮茶的客观条件和要求也出现了相关的变化，尤其是人们更加注重整个饮茶过程的便捷性，因此钦州坭兴陶茶具就很难满足人们的应用要求。

此外，在整个钦州坭兴陶茶具生产传承的过程中，未能将市场需要和发展趋势系统化地融入其中，不仅如此，在当前科学技术的创新发展与整体应用使得整个钦州坭兴陶茶具在生产过程中，必须对科技技术进行融入。但当前这些都极为缺失。

（三）钦州坭兴陶茶具中所包含的价值理念分析

通过对钦州坭兴陶茶具进行系统化认知，我们可以看到其中包含了丰富的价值理念内涵，具体而言，其主要表现为：首先，钦州坭兴陶茶具是对多种文化的有效融入，随着当前人们对文化传承的作用和价值认知日益全面，如今在开展钦州坭兴陶茶具生产的过程中，只有将茶文化、地域文化及陶瓷文化相融合，才能实现有效传承和发展。

其次，对于钦州坭兴陶茶具来说，它还是满足人们健康养生需要的重要物质，从当前人们的生活理念来看，健康养生已经成为重要的生活内涵，因此，想要实现整个钦州坭兴陶茶具的传承发展，就需要对整个茶具生产应用提供实质性的帮助。

不仅如此，钦州坭兴陶茶具作为一种有着 1 300 多年发展历史的传统工艺，凝集了传统工艺的发展内涵，在传统文化发展日益复苏的今天，将其中所包含的价值理念融入整个生产过程中，关系到钦州坭兴陶茶具的体系化发展和全面完善。当然，钦州坭兴陶茶具也是世界上其他地区对我国进行有效认知的重要媒介。

（四）钦州坭兴陶茶具的生产性保护工作开展思路

对于钦州坭兴陶茶具的生产性保护工作的实施来说，想要实现最佳效果，要经历一个系统化过程，也就是说对该茶具进行生产性保护时，需要充分做到以下几点。

1. 优化茶具生产材料的研发力度，注重生产创新

首先，要注重对整个钦州坭兴陶茶具生产所使用的材料进行有效研发，通过完善铸造材料品质的实质性发挥，从而实现整个钦州坭兴陶茶具应用的最佳效果。当然，生产材料关系到整个茶具的应用效果，尤其是对于整个茶具来说，其生产应用的基础是材料上的选择，因此，选择合适的材料极为关键。结合当前化学合成材料的研发技术不断成熟，在开

展茶具生产设计的过程中，需要将设计材料元素的有效应用进行系统化改造。

2. 革新设计理念，构建统一科学的生产标准

其次，要注重对茶具生产设计理念进行有效革新，尤其是要在传承设计理念的同时，融入当前时代理念，通过系统化传承，从而实现整个茶具生产设计的最佳效果。而对于整个钦州坭兴陶茶具的生产性保护工作来说，必须注重设计理念的有效创新，通过内涵融入，从而实现整个茶具生产设计的理想效果。结合当前整个钦州坭兴陶茶具的生产设计状况来看，多数情况下，由于缺乏合理完善的设计理念，影响到了整个茶具生产的传承。当然，在开展这一设计活动时，必须将设计理念与文化内涵系统化融入，通过赋予整个茶具生产相应的文化内涵和设计理念，从而实现整个钦州坭兴陶茶具的生产性保护水平的实质性提升。不仅如此，想要实现最佳生产设计效果，还要在研究统一生产标准的基础上，通过融入科学性的要求，为整个生产性保护工作的系统化开展奠定相应基础。

3. 融入市场要素，提升保护理念，强化设计效果

此外，对于钦州坭兴陶茶具的生产性保护工作开展来说，要通过融入丰富的市场元素，从而实现整个茶具生产设计工作的有效提升，当然在这一过程中，需要通过有效借鉴市场元素，从而提升整个茶具生产设计的科技含量，尤其是通过引入市场机制，能够让整个茶具生产工作得到其他多个方面的融入，从而实现理想的应用效果。当然，完善的生产性保护工作，需要有市场元素和科技内涵的实质性融入，特别是对于整个设计活动开展来说，只有融入市场因素，才能够激发整个社会的广泛关注，同时提升钦州坭兴陶茶具的市场影响力，进而为有效保护的实现提供相应支撑和帮助。当然，在将市场化元素融入整个钦州坭兴陶茶具的生产性保护的过程中，还需要将消费者的具体理念和需要融入其中，从而实现理想的设计效果和系统化的保护思路。

4. 完善权益保护机制建设，切实提升茶具生产的创新与完善

不仅如此，对于钦州坭兴陶茶具的生产性保护工作开展来说，还要注重对整个茶具生产性工作过程进行有效创新与完善，特别是随着当前整个茶具生产性保护工作开展的日益成熟，需要投入相应的精力和时间，而整个生产性保护工作实际上就是一种重要投入，因此要想实现整个生产过程的可持续保护，就需要对整个生产过程进行相应的法律知识产权保护，通过法制机制建设，从而实现钦州坭兴陶茶具生产性保护工作的最佳维护效果。客观地说，只有充分融入这些内涵要素，才能实现其权益的最佳维护。对当前我国整体茶具生产工作来说，可以看到由于缺乏必要的法律保护，从而限制了各方积极参与钦州坭兴陶茶具的生产性保护具体思路的拓展。

5. 以科学技术融入提升为关键，创新茶具生产技术

最后，对于钦州坭兴陶茶具的生产性保护工作开展来说，科学技术要素的有效融入，无疑是最佳的解决办法之一，而想要提升生产效果，优化生产技术，实现整个钦州坭兴陶茶具的最佳展现和诠释，就必须将当前使用的科技元素与整个生产过程进行有效的融入，通过系统化创新，从而实现理想的设计效果。随着当前科学技术发展应用的不断成熟，在具体的创新过程中，需要结合具体科学技术，通过发挥科技优势，从而提升钦州坭兴陶茶具的生产性保护效果。当然在应用科技要素时，必须将整个科学技术水平提升与整个钦州

坭兴陶茶具的生产性保护思路相融合，只有实现先进技术，才有可能为整个钦州坭兴陶茶具的生产性保护工作开展奠定基础，尤其是在信息化技术成熟发展的今天，如果能够应用好信息技术，不仅能够有效提升茶具的生产水平，同时也能够有效提升设计水平。

6. 结　语

钦州坭兴陶茶具是我国整个茶具生产体系中的重要因素，其中不仅浓缩了丰富的茶文化理念，同时也是传统茶文化与地域文化等多样元素系统化融入的关键，因此如何才能实现整个钦州坭兴陶茶具生产应用与整个文化体系的系统化融入就显得极为必要。目前对于整个茶具生产来说，它在传承创新过程中，面临失传的危机和压力，因此必须结合多样要素切入，从而为整个钦州坭兴陶茶具生产性保护工作的系统化开展奠定基础。

五、以茶文化为核心的钦州坭兴陶茶具包装创新设计

通过对当前整个茶具的应用状况进行系统化分析，可以看到茶具在人们应用和感知茶文化内涵的过程中，有着重要的作用和价值。而随着当前时代的不断发展，人们对茶具的包装设计工作有了全新的需要和具体的期待。想要实现茶具包装设计工作的有效创新和实质化发展，就需要分析当前人们对茶具的相应要求。

（一）钦州坭兴陶茶具的发展历程分析

钦州坭兴陶茶具主要产自广西钦州市，正是悠久的茶文化和成熟的陶瓷技术应用，使钦州坭兴陶茶具的产生日益体系化。根据统计，该茶具已经有几千年的发展历史。整个茶具中所包含的价值理念和文化元素，使其成为我国重要的非物质文化遗产，这恰恰说明了茶具生产和应用的价值地位。

不仅如此，钦州坭兴陶茶具在传承应用的过程中，想要实现理想的传承应用效果，需要在对整个茶具生产材料进行有效创新和优化的基础上，通过创新的整体设计理念和具体技术，从而实现整个茶具技术生产的成熟发展。

茶具不仅是一种饮茶工具，实际上更是整个茶文化的传承载体，在各个茶叶产地都形成了一系列专门饮茶的器皿。随着整个茶具及茶文化发展应用不断成熟，如今整个茶具产品中，融入了丰富的文化内涵和要素，因此，随着整体文化理念发展的不断成熟，想要实现传统茶文化的有效传承和发展，就需要对其内涵进行有效的创新和完善。钦州坭兴陶茶具在发展应用的过程中，想要实现最佳传承，就必须认识到其中所蕴含的文化理念和美学内涵，从而使钦州坭兴陶茶具从产品发展为精品。

（二）茶文化体系的具体内涵分析

我国有着悠久的饮茶历史，而在饮茶过程中，逐渐形成了丰富完善的价值理念和行为规范。无论是具体的茶文化物质元素，还是其中对人们生活习惯的有效引导，都值得我们深入探究和系统化分析。整个茶文化体系，也是我国传统文化的内涵和核心，而在对茶文化进行传承发展的过程，实际上也是对传统文化的传承发展。整个茶文化体系不仅大大丰富了与茶相关的物质元素，同时其中也融入成熟的发展理念和行为规范，因此想要实现整

个茶文化的有效传承和系统化应用，就必须从整个饮茶文化的具体内涵分析入手，通过创新发展理念，从而实现对传统茶文化的系统化应用。

我国有着成熟的茶文化体系，当然也有着悠久的饮茶历史，而在饮茶活动的开展过程中，茶具有着重要的价值和作用。因此，制作好茶具，融入相应文化内涵和理念，实际上也就成为整个饮茶活动开展的关键和基础。事实上，在不同地区也形成了体系化的茶具产品，在整个的茶具产品体系中，钦州坭兴陶茶具无疑是整个茶具生产体系中最重要的产品要素，在这一茶具产品内，不仅有着丰富的茶文化内涵理念，同时也将民族文化和地域文化等一系列文化元素融入其中。对于整个钦州坭兴陶茶具来说，当前其在传承发展过程中，也存在相应的问题和不足，尤其是缺乏必要的传承空间，从而使其出现了较为严重的危机和压力。特别是随着当前消费者需求在社会发展过程中的作用和价值日益突出，如今想要实现理想的设计效果，就必须将消费者的需要系统化地融入其中，从而实现整个产品的最佳设计效果，当然在这一过程中，也使得整个钦州坭兴陶茶具的品质和内涵实现了全面提升和创新发展。

（三）当前人们对茶具包装工作的具体要求

在整个茶文化体系中，茶具是茶文化的物质元素，在茶具生产设计的过程中，融入了相应的文化理念和具体内涵。而从当前整个社会的发展状况看，想要实现茶具生产设计的理想效果，就需要将人们的具体需要与其互相融入。总地来说，当前人们对这一工作开展的具体要求，系统化表现为：首先，人们期待整个茶具包装过程中具有完善的要素内容，尤其是要将茶文化元素和人们的需要融入其中，对于茶具包装设计来说，要制定准确合理的设计理念，通过结合应用具体理念元素，从而为实现最佳效果提供实质性帮助。

其次，在开展茶具包装设计的过程中，要将人们的消费理念融入其中。随着当前人们对健康养生活动重视程度不断提升，想要实现茶具包装设计的最佳效果，就必须将人们的生活需要融入其中。在开展茶具的包装设计工作时，必须注重素材和材料的合理选择和使用，确保其能够得到人们的健康应用。而素材在应用时，还要注重其能够保障应用过程的安全性。也就是说，在开展茶具包装生产设计过程中，要将应用性与功能性系统化地融入其中。

最后，在茶具包装设计开展过程中，要充分注重创新设计理念，特别是将多种内涵融入其中，比如在开展整个茶具包装的设计工作时，要将传统设计理念和现代设计元素系统化地融入整个包装设计中，从而实现茶具包装设计的内涵化与应用化的融入。当然，随着当前智能化、信息化技术发展应用不断成熟，在开展这一设计时，必须注重将信息技术的具体理念融入其中，通过有效创新和系统化，实现整个包装设计水平的实质性提升。不仅如此，还要丰富设计理念与具体茶具设计的有效融入。

（四）整个钦州坭兴陶茶具包装设计过程中存在的问题和不足

当前整个钦州坭兴陶茶具包装设计过程中存在的问题和不足，主要表现如下：首先，该茶具在包装设计过程中，缺乏对设计素材和设计理念的有效融入，特别是随着现代化合成材料发展的不断成熟，在开展设计时，必须注重对相关材料的系统化应用，从而确保整

个设计能实现最佳效果。不仅如此，未能对当前人们的具体消费理念和客观需要进行融入，使得整个钦州坭兴陶茶具包装设计很难满足消费者的具体需要，从而限制了整个茶具的内涵提升与丰富。

当然，当前在开展钦州坭兴陶茶具包装设计的过程中，还未能对茶具的具体应用状况和发展趋势形成全面的认知，进而使茶具生产包装设计与消费者的具体需要之间存在较大的差距和不足，事实上，当前整个包装设计实现了系统化发展，无论是具体的设计理念还是设计素材的应用都实现了成熟发展，但是目前在开展茶具包装设计时，多数设计者和生产者仍然是从自身的视角出发，未能融入消费者的需要，从而影响了整个茶具包装设计的具体效果。

不仅如此，当前在开展茶具生产包装过程中，未能将文化内涵和技术要素与整个钦州坭兴陶茶具包装设计相融入，同时也对整个包装设计开展的价值和作用认知缺乏全面性，从而影响了整个包装设计的创新性和内涵性，因此，必须在对开展包装设计工作价值作用有了成熟认知的基础上，实现整个茶具生产包装设计的最佳效果。

（五）以茶文化为核心的钦州坭兴陶茶具包装创新设计思路分析

客观地说，钦州坭兴陶茶具是整个茶文化体系的重要组成部分，它不仅是文化载体、重要的传承要素，还是茶具生产历史中的重要因素和拳头产品，但是当前钦州坭兴陶茶具在传承应用的过程中，存在相应的压力和问题，所以茶具生产应用过程中存在许多问题和不足。

特别是随着现代茶具生产设计的不断成熟，如今钦州坭兴陶茶具面临市场的严重冲击。可以说，钦州坭兴陶茶具必须认识到当前整个设计中存在的问题和不足，通过有效的分析，实现理想的包装设计效果。

茶具不是简单的器具，其在使用过程中，不仅要充分有效地满足人们饮茶的功能需要，同时也要对其中所蕴含的文化属性和艺术内涵进行有效的诠释和融入。茶具是人们品茶、饮茶的基础，也是人们直接感受茶文化的关键。结合茶文化的具体内涵，当前在开展钦州坭兴陶茶具包装创新设计工作时，需要将丰富的茶文化融入其中，通过创新设计理念，完善茶文化元素与整个设计活动的有效结合，从而实现最佳的设计效果。

不仅如此，整个传统茶文化理念中，不仅包含了丰富的物质元素，同时也有着相应的价值理念和行为规范，特别是其中所融入的精神价值元素，更值得当前的我们继承和应用。因此在开展茶具包装创新设计活动时，必须通过融入具体理念，为整个茶具包装设计寻找到合适的定位机制，通过系统化丰富和全面创新，实现茶具包装设计与具体应用的深层次融合，从而为茶文化体系的发展奠定重要基础和提供有效帮助。理念的具体融入过程，实际上也是整个茶文化体系创新的前提。事实上，随着人们对茶具的价值和作用认知日益成熟，如今在开展茶具包装创新设计活动时，必须从对其价值理念的分析入手，通过有效融入消费者理念，实现理想效果。

结　语

随着人们对传统茶文化的价值作用认知日益成熟，创新茶具的包装设计思路显得更为必要。茶具作为重要的饮茶工具，不仅是整个茶文化传承的基础和关键，同时也是人们品茶的基础载体的关键，因此随着人们对饮茶活动的价值作用认知日益成熟，如今在开展茶具生产包装设计时，需要丰富设计理念，创新设计元素，完善整个茶具包装生产设计的有效开展。钦州坭兴陶茶具作为重要的茶具产品，它的包装设计过程中存在一系列的问题和不足，想要实现理想的设计效果，就需要创新设计理念，从而实现茶具生产设计的最佳效果。

参考文献

[1] 姜锐. 中国包装发展史[M]. 长沙：湖南大学出版社，1989.

[2] 故宫博物院. 清代宫廷包装艺术[M]. 北京：紫禁城出版社，2002.

[3] 朱和平. 中国古代包装艺术史[M]. 北京：人民出版社，2016.

[4] 朱和平. 现代包装设计理论及应用研究[M]. 北京：人民出版社，2008.

[5] 杨永善. 陶瓷造型艺术[M]. 北京：高等教育出版社，2004.

[6] 刘道广. 中国古代艺术思想史[M]. 上海：上海人民出版社，1998.

[7] 朱淳、邵琦. 造物设计史略[M]. 上海：上海书店出版社，2009.

[8] 宗白华. 美学散步[M]. 上海：上海人民出版社，2005.

[9] 高丰. 中国器物艺术论[M]. 太原：山西教育出版社，2001.

[10] 陈磊. 纸盒包装设计原理[M]. 北京：人民美术出版社，2010.

[11] 玛丽安·罗斯奈·克里姆切克，桑德拉·A·克拉索维克. 包装设计：品牌的塑造[M]. 上海：上海人民美术出版社，2008.

[12] 许平，潘林. 绿色设计[M]. 南京：江苏美术出版社，2001.

[13] 比尔·斯图尔特. 包装设计培训教程[M]. 北京：人民美术出版社，2009.

[14] 凌继尧，徐恒醇. 艺术设计学[M]. 上海：上海人民出版社，2002.

[15] 周作好. 现代包装设计理论与实践[M]. 成都：西南交通大学出版社，2017.

[16] 李帅. 现代包装设计技巧与综合应用[M]. 成都：西南交通大学出版社，2017.

[17] 刘志一. 中国古代包装考古[J]. 中国包装，1993（4）.

[18] 朱和平. 论中国古代设计艺术的三次飞跃[J]. 装饰，2006（8）.

[19] 姚海燕、向红. 中国古代包装艺术观与传统美学[J]. 湖南经济，2002（1）.

[20] 孙天健. 原始瓷器的发明及其里程碑意义[J]. 中国陶瓷，2003（6）.

[21] 钟凤文. “尚药局”铭瓷盒及其他[J]. 上海文博论丛，2003（4）.

[22] 蔡毅. 关于梅瓶历史沿革的探讨，载中国古陶瓷研究会编：中国古陶瓷研究（第六辑）[M]. 北京：紫禁城出版社，2000.

[23] 李婧. 清代宫廷包装及器物装饰艺术研究[D]. 上海：同济大学，2006.